不一样的 **数学故事书**

顾问 义务教育数学课程标准修订组组长

北京师范大学教授 **曹一鸣**

奇妙数学之旅

漫游未来城

六年级适用

主编：孙敬彬 禹 芳 王 岚

华 语 教 学 出 版 社

图书在版编目（CIP）数据

奇妙数学之旅．漫游未来城 / 孙敬彬，禹芳，王岚主编．— 北京：华语教学出版社，2024.11
（不一样的数学故事书）
ISBN 978-7-5138-2537-5

Ⅰ．①奇… Ⅱ．①孙… ②禹… ③王… Ⅲ．①数学—少儿读物 Ⅳ．① O1-49

中国国家版本馆 CIP 数据核字（2023）第 257638 号

奇妙数学之旅·漫游未来城

出 版 人 王君校
主　　编 孙敬彬　禹　芳　王　岚
责任编辑 徐　林　邢敏娜
封面设计 曼曼工作室
插　　图 枫芸文化
排版制作 北京名人时代文化传媒中心
出　　版 华语教学出版社
社　　址 北京西城区百万庄大街 24 号
邮政编码 100037
电　　话 （010）68995871
传　　真 （010）68326333
网　　址 www.sinolingua.com.cn
电子信箱 fxb@sinolingua.com.cn
印　　刷 河北鑫玉鸿程印刷有限公司
经　　销 全国新华书店
开　　本 16 开（710×1000）
字　　数 108（千）　9 印张
版　　次 2024 年 11 月第 1 版第 1 次印刷
标准书号 ISBN 978-7-5138-2537-5
定　　价 30.00 元
（图书如有印刷、装订错误，请与出版社发行部联系调换。联系电话：010-68995871、010-68996820）

《奇妙数学之旅》编委会

写给孩子的话

学好数学对于学生而言有多方面的重要意义。数学学习是中小学生生活、成长过程中的一个重要组成部分。可能对很多人来说，学习数学最主要的动力是希望在中考时有一个好的数学成绩，从而考入重点高中，进而考上理想的大学，最终实现“知识改变命运”的目标。因此为了提高考试成绩的“应试教育”大行其道。数学无用、无趣，甚至被视为升学道路上“拦路虎”的恶名也就在一定范围、某种程度上产生了。

但社会上同样也广泛认同数学对发展思维、提升解决问题的能力具有不可替代的作用，是科学、技术、工程、经济、日常生活等领域必不可少的工具。因此，无论是为了升学还是职业发展，学好数学都是一个明智的选择。但要真正实现学好数学这一目标，并不是一件很容易做到的事情。如果一个人对数学不感兴趣，甚至讨厌数学，自然就不会认识到学习数学的好处或价值，以致对数学学习产生负面情绪。适合儿童数学学习心理特点的学习资源的匮乏，在很大程度上是造成上述现象的根源。

为了改变这种情况，可以采取多种措施。《奇妙数学之旅》

这套书从儿童数学学习的心理特点出发，选取小精灵、巫婆、小动物等陪同小朋友一起学数学。通过讲故事的形式，让小朋友在轻松愉快的童话世界中，去理解数学知识，学会数学思考并尝试解决数学问题。在阅读与思考中提高学习数学的兴趣，不知不觉地体验到数学的有趣，轻松愉快地学数学，减少对数学的恐惧和焦虑，从而更加积极主动地学习数学。喜欢听童话故事，是儿童的天性。这套书将数学知识故事化，将数学概念和问题嵌入故事情境中，以此来增强学习的趣味性和实用性，激发小朋友的好奇心和想象力，使他们对数学产生兴趣。当孩子们对故事中的情节感兴趣时，也就愿意去了解和解决故事中的数学问题，进而将抽象的数学概念与自己的日常生活经验联系起来，甚至可以了解到数学是如何在现实世界中产生和应用的。

大中小学数学国家教材建设重点研究基地主任

北京师范大学数学科学学院二级教授

人物名片

高小斯

最喜欢学数学，数学成绩顶呱呱，平时爱读书，爱思考，大家都夸他聪明又博学。在一个契机下，他和小伙伴们一起参与了未来学校的设计活动，还有幸到 M 星球漫游了未来城。

皓天

一个胖嘟嘟的男孩儿，脸上总带着憨憨的笑，脾气好，是高小斯最好的朋友。他对数学很感兴趣，但数学成绩不是特别好。他动手能力强，什么东西都想捣鼓一下。

小雪

一个聪明伶俐的女孩儿，性格活泼，心地善良，做事很认真，是高小斯和皓天的好朋友。在高小斯的影响下，她对数学充满了兴趣，数学成绩也越来越好。

小酷卡

航天研究所制造的仿真机器人。芯片里存储的知识有限，不擅长计算和思考，是助力和服务型机器人。没有任务时会陪高小斯去探索世界，也是高小斯的好伙伴。

CONTENTS

故事序幕

机器人小酷卡曾搭乘“天宫号”飞船陪同宇航员去太空执行任务，这可让高小斯和皓天羡慕极了。他们俩本来就对太空充满兴趣，一直特别希望能有机会像小酷卡那样，坐着飞船到太空去看看。自从听了小酷卡给他们讲述太空经历后，两个人更是热血沸腾，立志将来要成为宇航员。

为了实现自己的梦想，高小斯和皓天利用课余时间通过书籍、电视和网络，努力学习航天知识，成了全校闻名的“宇航小明星”。

前不久，电视上播放了中国宇航员成功登陆某星球的新闻，高小斯和皓天看了以后，将来要成为宇航员的信念更加坚定了。他们甚至梦想有朝一日能够凭借自己掌握的专业知识，亲自设计一艘载人航天飞船，并驾驶着它遨游太空，一览浩瀚宇宙的风采。

这天，高小斯和皓天看到宣传栏里贴出通知，下周学校要举办科技节活动，届时将展示同学们关于航空与航天方面的创意作品。两人一拍即合，准备趁此机会一展身手，合力制作一个火箭模型。

随着火箭模型制作的深入，高小斯和皓天的想法越来越多，涉及的各类知识也越来越多，他们在火箭模型制作过程中，体会到无穷的乐趣。

宇航
小明星
MATH

当然，他们也没有忘记将参加科技节的事分享给远在航天基地执行任务的小酷卡。而小酷卡会有什么好想法，又会给他们带来什么好消息呢?

第一章

火箭与梦想

——圆柱与圆锥

高小斯和皓天就读的学校每学期都会举办一次科技节，这学期科技节的主题是“航空与航天”。

看到通知的那一刻，高小斯激动地跳了起来，说：“咱们学到的知识终于有施展的机会了！”皓天在一旁不住地点头。

放学后，高小斯来到皓天家。两个人坐在一起讨论后，决定制作一个火箭模型去参加科技节的展览。

制作火箭模型想起来简单，真正做起来却没那么容易。皓天盯着眼前火箭的图片，想了想，说:“我们用乐高积木拼一个火箭怎么样，这个我最擅长。”

“能直接买到的东西没什么新意，我们要做一个独一无二、别人想不到也买不到的火箭模型，这才能显示出我们的实力嘛！”高小斯这么一说，皓天也觉得非常有道理。

“那我们用什么材料制作火箭模型呢？”皓天托着下巴，陷入了沉思。

“我们最好用生活中常见的材料来制作，这样会方便点儿，万一出问题了还能补救。”高小斯一边说着一边环视皓天的房间。

看到桌面上的薯片筒，皓天马上有了主意。“火箭的主体是由**圆柱体和圆锥体**组成的，这两种形状的东西在生活中很常见，比较好找，可以废物利用。”皓天努力在脑海中搜索着吃过的零食，“比如薯片筒、饼干筒之类的**圆柱体**，可以做火箭的‘身体’，有些冰激凌和巧克力的包装盒是**圆锥体**，可以做火箭的‘脑袋’，然后再找几个细一些的**圆柱体**的东西做‘助推器’，这样制作一个火箭模型主要部件的材料就有了。外观再稍加装饰，绝对没问题！”

“你真是三句话不离吃啊！不过这个思路还挺不错。材料问题解决了，接下来我们需要计算一下制作模型的数据。运载火箭的平均高度大约是 60 米，那我们按什么尺寸来做火箭模型，也就是说，火箭模型高多少米呢？”高小斯平时说话、做事就比较严谨。

皓天一边挠头一边思考。“嗯——按 1：100 来制作行吗？火箭模型要做多高呢？我得想一想……应该是用 60 除以 100，得出 0.6 米。”他又想了想，然后点点头，“0.6 米高的火箭模型肯定能做出来，用两三个薯片筒就可以。”

皓天的话音刚落，高小斯突然伸手指向桌上的薯片，说：“提问！如果薯片筒的底面直径是 7 厘米，按照 1：100 来计算，火箭模型对应真的运载火箭主体的圆柱底面直径是多少米？”

高小斯这么一问，还真把皓天问住了。只见他紧紧皱着眉头，嘴

里反复说着："7 厘米、1∶100，7 厘米、1∶100……"

高小斯笑着引导，说："你这样去想，1∶100 的意思就是图上的 1 厘米表示实际的 100 厘米，那图上的 7 厘米呢？"

"用 7 乘 100，得出 700 厘米，也就是 7 米。"皓天茅塞顿开，"用薯片筒做出来的火箭模型对应真的运载火箭，直径是 7 米！"

高小斯又发现了一个问题，他提醒皓天说："你还记得运载火箭的最大直径是多少吗？"

"记得。书里说，**运载火箭的最大直径不超过 3.35 米**。"皓天在脑袋里搜索着数据，"可是，为什么要限制运载火箭的直径呢？"

高小斯了解过这个问题，于是解释道："对运载火箭的直径进行限制，主要是为了适应运输的需要。制作运载火箭的地方一般都距离火箭发射场较远，要使用火车将运载火箭运到发射场，而火车在行驶过程中难免会经过一些隧道……"

"我知道了！如果运载火箭的直径太大，就无法通过隧道了。"皓天恍然大悟。

高小斯点了点头，接着慢悠悠地说："**隧道的宽度限制了运载火箭的直径**，而隧道的宽度又受限于火车铁轨的宽度。据史料记载，火车铁轨的宽度是仿照马车车轮的宽度建造的，而马车车轮的宽度，又与拉车的两匹马的屁股的宽度有关，所以……"

还没等他说完，皓天笑着接过了话茬儿："照你这么一说，是马屁股的宽度决定了运载火箭的直径？"

“某种程度上也可以这么说。”高小斯说话总是慢悠悠的。

“马屁股的事先放一边，那我们用薯片筒做火箭模型的方法是行不通了？”一想到这个问题，皓天有点儿沮丧。

“别这么悲观，这只能说明我们按 1∶100 来做火箭模型行不通。只要我们用薯片筒的底面直径 7 厘米和真的运载火箭的底面直径 3.35 米相比计算出**合适的比**，就可以用薯片筒制作火箭模型了。”

高小斯的话让皓天重新燃起了希望，皓天一边思考一边拿起笔在纸上计算。“算比的话，应该用**火箭模型的尺寸**比上**真的运载火箭的尺寸**。先统一单位，3.35 米就是 335 厘米；然后求比，7 比上 335，就用 335 除以 7，四舍五入约等于 48……”他抬起头，一拍巴掌，“我算出来了！火箭模型和真的运载火箭的比应该是 1∶48。如果运载火箭高 60 米的话，我们的火箭模型的高度就是用 60 除以 48，算出来是 1.25 米。”

好不容易弄清楚了火箭模型和真的运载火箭之间的比，皓天又有了新的疑惑：“不过，运载火箭的尾部还要装助推器，一旦装了助推器，直径就超过 3.35 米了呀？”

“没关系，运载火箭主体和助推器可以分开运输。”高小斯笑着摇了摇头，“好了，材料和大小比例的问题都解决了，接下来要画设计图了。我们设计出的火箭模型要尽量和真的运载火箭等比还原到一模一样，这样才能表现出我们的作品的技术含量。”

没等皓天做出反应，高小斯就拿过来一张纸，边在纸上画边说：“火箭主体的构成涉及了几种立体图形，有**圆柱、圆锥和圆台**。”

不一会儿的工夫，他已经画出一张火箭模型示意图了。

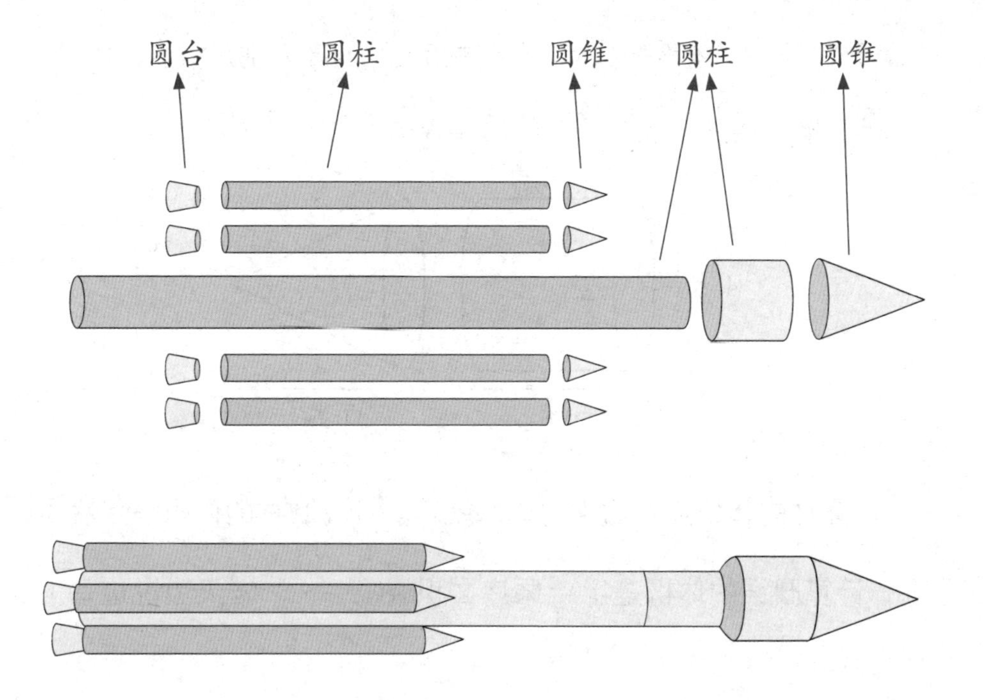

看着示意图，高小斯满意地点着头，说：“这只是个外形草图，只要我们按照正确的比例来计算，算出准确的数据，就可以画出一张完美的火箭模型设计图啦！”

“整流罩部分可拆卸，所以可以超出 3.35 米，这样运载火箭内部的空间就足够大，还可以放进一个迷你飞船，将来方便宇航员随时乘坐飞船遨游太空。”高小斯越想越开心，一边比画着一边兴高采烈地对皓天说着自己的想法。

“整流罩可以分开运输，先拆成几部分，运到目的地后再组装起来。”皓天现学现卖，“整流罩的形状就像是我们学过的组合图形，我们在求**组合图形的体积、表面积**时都是**分开计算**的。”

高小斯指着示意图问皓天：“如果整流罩的底面直径为 4 米，高为 10 米，你能计算出它的内部空间有多大吗？”

皓天想了想，皱着眉头问："圆柱和圆锥的高分别是多少？"

"圆柱的高是 5 米，圆锥的高也是 5 米。"高小斯说。

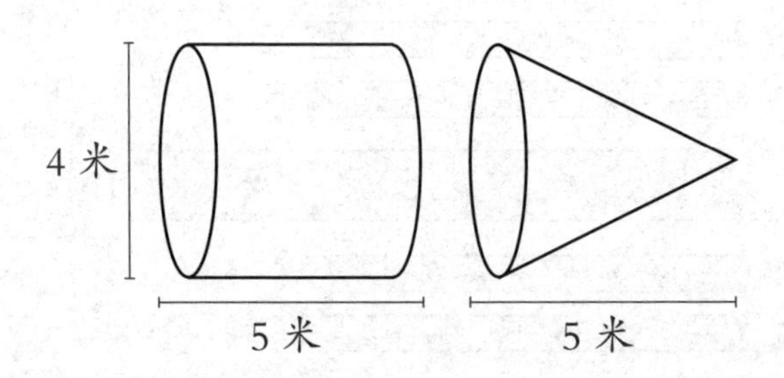

"用圆柱的体积加上圆锥的体积就行。计算圆柱的体积是用底面积乘高，计算圆锥的体积是用 $\frac{1}{3}$ 乘底面积乘高……"皓天边说边写下公式和算式。

圆柱的体积 = 底面积 × 高，$V=Sh$

$3.14\times2^2\times5=62.8$（立方米）

圆锥的体积 = $\frac{1}{3}$ × 底面积 × 高，$V=\frac{1}{3}Sh$

$\frac{1}{3}\times3.14\times2^2\times5\approx20.9$（立方米）

整流罩的总体积 = 62.8 + 20.9 = 83.7（立方米）

皓天算出答案以后，高小斯又给出了另一种计算方法："在等底等高的情况下，圆锥的体积是圆柱的 $\frac{1}{3}$，所以，其实总体积就是底面积乘（$1+\frac{1}{3}$）。"

整流罩的总体积 $=3.14\times2^2\times5\times(1+\frac{1}{3})\approx83.7$（立方米）

“80 多立方米，空间很大的，足够放下一艘迷你飞船了。”高小斯非常满意。

“虽然我十分佩服你的计算能力和想象力，但是当务之急还是尽快完成我们的设计图吧。要不然我们下周连张设计图也拿不出来，就该闹笑话了。”看着高小斯得意的样子，皓天忍不住提醒他。

但高小斯依然沉浸在自己的想象中：“如果我设计一个圆柱体的迷你飞船，底面直径 2.8 米，高 4 米，你能算出这艘飞船的表面积和体积吗？”

“唉，又给我出难题！”不过这也难不倒皓天，他一边说一边写，“圆柱的表面积是侧面积加两个底面积，体积还是用底面积乘高。”

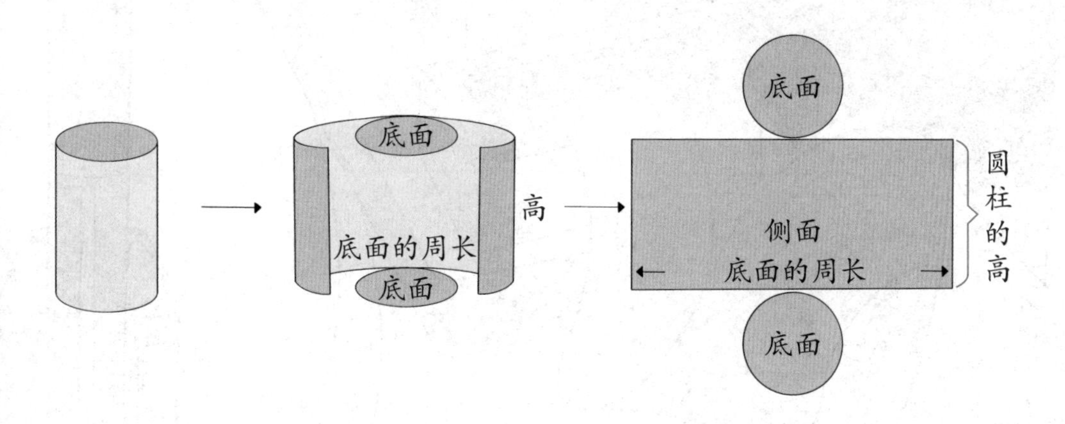

圆柱的表面积 = 圆柱的侧面积 + 底面积 ×2

$3.14\times2.8\times4+3.14\times1.4^2\times2\approx47.5$（平方米）

圆柱的体积 = 底面积 × 高 $=3.14\times1.4^2\times4\approx24.6$（立方米）

高小斯笑着点点头，还要继续说他的飞船。皓天连忙制止他说："别想你的飞船了，我们还是先来算一算这个火箭模型的具体数据吧，根据数据来画设计图才更准确。你说，那些运载火箭设计师是不是也这么工作？"

“哈哈，应该是这样的吧。”高小斯忍不住笑了，“好，那我们就按照 1 ：48 来算一算相关的数据。”说完，高小斯和皓天就开始认真地计算起来。他们忙了一个晚上，终于算出了火箭模型所有部位的准确数据。

第二天晚上，两人又在高小斯爸爸的帮助下，在电脑上画出了火箭模型的最终设计图。高小斯的爸爸看了设计图忍不住夸奖道：“嘿，外形设计得很精致，数据也都计算得清清楚楚，干得很不错呀！”

接着就是动手制作环节了。皓天的动手能力非常强，高小斯做事严谨认真。他们准备齐材料，按照设计图，制作出了一个非常逼真的火箭模型。

一周后的科技节展览上，这个火箭模型赢得了全校师生的一致好评。高小斯和皓天开心极了，感觉距离自己的航天梦又近了一步。

点动成线，线动成面，面动成体

“点”是几何学的基本概念，没有长度、宽度和深度，只有位置。“点动成线”是指一个点在移动过程中会留下轨迹，这个轨迹就是一条线。也可以说一条线是由无数个点组成的。

“线”是点移动的轨迹，具有长度、方向和位置。“线动成面”是指一条线在运动过程中留下的轨迹会形成一个平面或曲面。

“面”是线移动的轨迹，具有长度、宽度，无厚度，具有一定的形状。“面动成体”是指一个规则图形通过旋转、平移等运动，形成的轨迹会是一个立体图形。

高小斯和皓天在制作火箭模型的过程中熟悉了圆柱和圆锥这两种立体图形，掌握了圆柱和圆锥的体积的计算方法，也掌握了圆柱表面积的计算方法。

圆柱的体积 = 底面积 × 高，$V=Sh$。

圆锥的体积 $=\frac{1}{3}$ × 底面积 × 高，$V=\frac{1}{3}Sh$。

圆柱的表面积 = 侧面积 + 底面积 ×2。

高小斯和皓天利用这些知识解决了在制作火箭模型时遇到的实际问题，最终制作出的火箭模型在科技节上大放异彩，他们二人也深刻体会到数学与日常生活的密切联系。

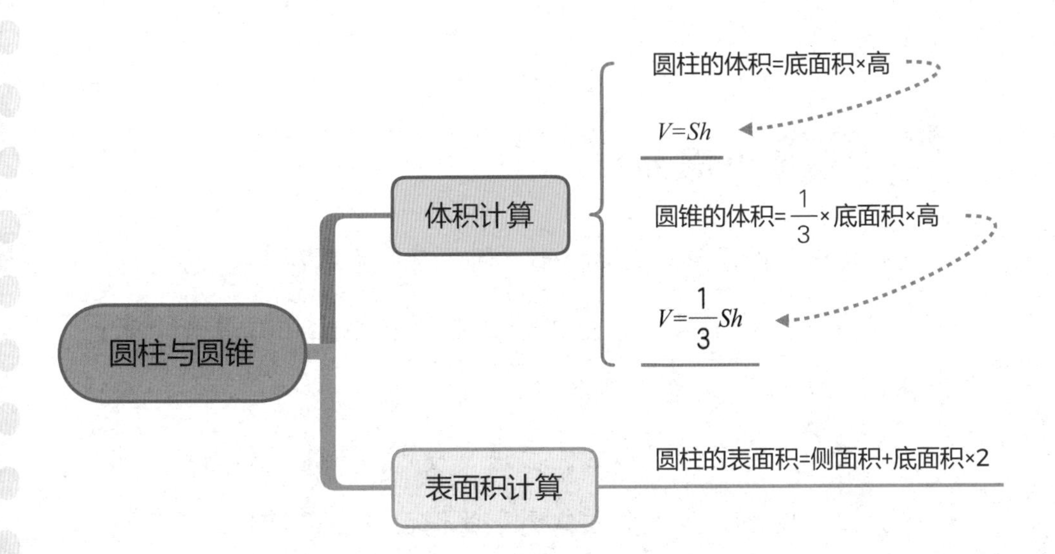

下面第一行的图形是高小斯和皓天制作火箭模型时用到的三种立体图形，请你看一看，想一想，它们分别可以看作是下面第二行的哪个平面图形经过旋转得到的?

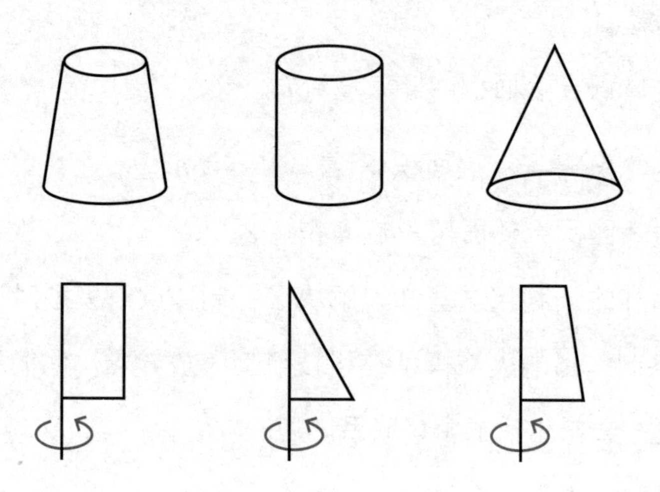

想找出平面图形与立体图形之间的对应关系有两种方法：

方法一：动手操作。把平面图形画在纸上，然后剪下来；拿着它旋转一周，就能得到答案。

方法二：将立体图形的侧面进行投影，再将投影出的图形一分为二。例如，第一个立体图形的侧面投影后得到的平面图形是，这是一个轴对称图形，将它沿着对称轴分成两半，其中一半就是旋转前的平面图形。

因此，正确答案是：

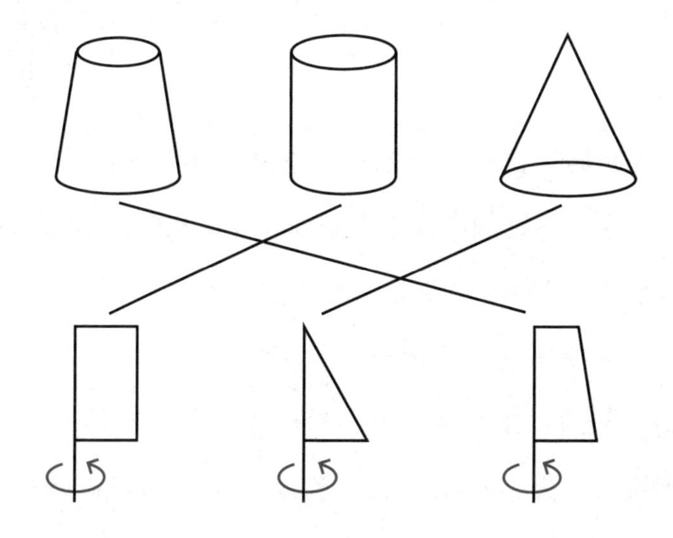

第二章

接受新任务

——认识比例

小酷卡又完美地执行了一次航天任务，现在他终于可以休假了，便立刻回去找好久不见的高小斯和皓天。好朋友相聚本来是一件高兴的事，高小斯却拧着眉毛，看上去愁眉苦脸的。

“你怎么心事重重的？”小酷卡关心地问。

“唉，好纠结呀！本来我的梦想是成为一名宇航员，飞上太空，但是亲手设计制作了火箭模型之后，我发现做一名设计师也挺不错的。我在两个梦想之间左右摇摆，不知道怎么选才好。”高小斯不停地唉声叹气。

小酷卡看着发愁的高小斯，忽然眼睛一亮，说：“现在有一个机会，既能让你飞上太空，又能让你实现当设计师的梦想，你想不想要呀？”

“有这样的好事？！”高小斯和皓天异口同声地喊道。

“据我所知，M 星球在为准备建设的未来城做整体的设计规划。现在他们正在征集城里‘未来学校’的设计方案，如果你们感兴趣，可以参与一下。”

“设计学校？听起来有点儿意思。”皓天来了兴致。

高小斯却摆了摆手说：“未来城的建设计划我倒是听爸爸提起过。不过设计学校只需要画出设计图就行，根本用不着飞上太空吧。”

“如果设计方案被选用了，就会被邀请去 M 星球参与未来学校的建设哦。考虑一下吧！”小酷卡调皮地冲高小斯眨眨眼。

“你怎么不早说，那我当然要参加了！”高小斯连忙答应下来。能亲自参与未来学校的设计和建设，那是一件多么荣耀的事情。而且去 M 星球肯定是要坐飞船飞上太空的，这样一来，两个梦想就可以同时实现了，多难得的机会呀！高小斯对此充满期待。

可是，怎样设计未来学校呢？这可把两个小伙伴难住了。

皓天想起小雪对建筑设计有独到的见解，没准儿她的想法能对未来学校的设计有所启发。而且现在正值假期，他们几个可以随时相约

见面。皓天把自己的想法告诉了高小斯和小酷卡，大家一致同意找小雪一起来参与未来学校的设计。

皓天给小雪打电话，告诉她设计未来学校的事，小雪非常愿意参加。她激动地说："你们等等我，我明天就去找你们！"

第二天一见面，四个小伙伴就叽叽喳喳地讨论起了关于设计未来学校的想法。

"我希望这个学校能有一个智慧游乐场，里面放置的不是普通的游乐设施，而是能够启发思维、提升智力的。"小雪的想法很新颖。

“我希望学校里能有一个科技展厅，里面有 AR（增强现实）和 VR（虚拟现实）通信设备，让我能与任何一个星球的人随时保持联系，进行交流。”既然决定参与未来学校的设计，高小斯也表现出了前所未有的认真。

“我希望……”皓天刚要说出自己的想法，就被小酷卡打断了。“学校是学习的地方，当然要先设计教室啦，教室是非常重要的场所。让我想想教室里需要什么，黑板、课桌椅、柜子、

灯具、打扫工具……”小酷卡倒是安排得很周到。

“你是不是想得太多太细了？”小雪忍不住笑道。

“不过小酷卡说得对，教室确实是学生日常学习最重要的场所，也是我们最熟悉的，我们可以先想想教室的设计方案。”皓天并没有埋怨小酷卡打断他的话，反而觉得小酷卡说得很有道理。

“好，那我们先进行教室内部设施的设计。学生们平时在教室里接触最多的是学习桌，我们就从学习桌开始。”高小斯想了想说，“我觉得未来的学习方式应该更注重自主体验、合作交流、开放共享。所以现在最重要的是设计出适合这种学习方式的学习桌，便于学生日常使用和同学之间的交流分享。”

“高小斯——说得对！”小酷卡电量不足，说起话来有点儿不太流利，便离开去充电了，剩下三个小伙伴继续热火朝天地讨论。

“学习桌的桌面要设计成什么形状呢？现在学习桌的桌面一般都是长方形的，未来学校是不是可以有更创新的设计？”小雪拿着笔准备记录。

“长方形、正方形、三角形、圆形……任何形状都可以吧。”皓天说。

“我也觉得任何形状都行，只需要区分大小。”小雪赞同地点点头。

“有道理。”高小斯摸着下巴说，“我建议采用正方形或圆形的桌面。”

“为什么呢？”高小斯知识渊博、脑瓜灵活，小雪和皓天很想听听他的想法。

“因为方便统一制作，容易协调使用，看上去也更整齐美观。”高小斯看到小雪和皓天好奇的神情，便详细讲解起来，“你们想，**长方**

形是**多样**的，它的**具体形状**由**不同的长和宽**决定，如果不刻意要求的话，画出来的长方形的**形状很可能不同**。而**正方形**的**四条边都相等**，无论正方形的面积是大是小，它们的**形状都相同**。同样，**圆**的**半径都相等**，所以所有圆的**形状都**是**相同**的，只有面积大小的区别。”

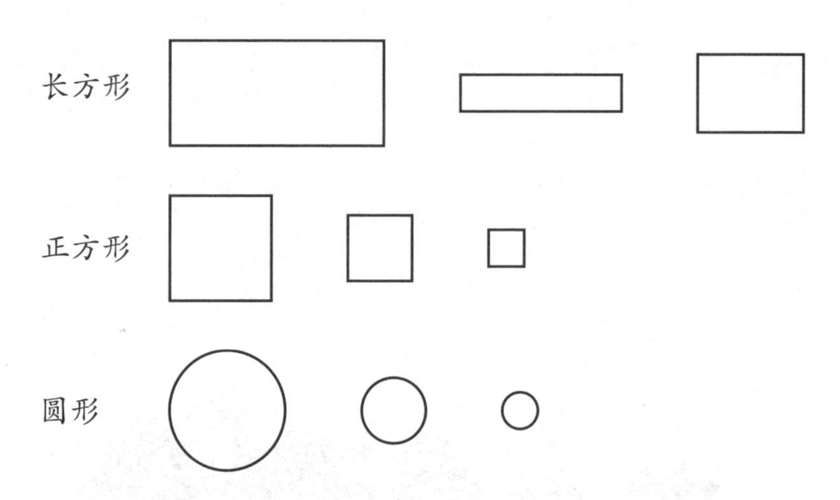

小雪顿时明白了，说：“你的意思是，如果把学习桌的桌面设计成正方形或圆形，无论桌面是大是小，它们的**周长之比**和**对应的边长或半径之比**是可以**组成比例**的，形状很固定。”高小斯点头表示同意。

“‘组成比例’是什么意思？”皓天听着高小斯和小雪的对话，眉毛都拧成麻花了。

“我来给你举个例子吧。”小雪耐心地解释道，“假如大号正方形桌面的边长是8分米，周长是32分米，小号正方形桌面的边长是6分米，周长是24分米，那么大号正方形桌面的边长与小号正方形桌面的边长之比是8∶6，比值是$\frac{4}{3}$，大号正方形桌面的周长与小号正方形桌面的周长的比是 32∶24，比值也是 $\frac{4}{3}$。所以 8∶6 和 32∶24 就可以组成比例。”

“非常正确。像这样**两个比的比值相同，它们就可以组成比例**。比如 32∶24＝8∶6 就是一个比例。组成比例的四个数，叫作比例的项，中间的 24 和 8 叫作比例的**内项**，两端的 32 和 6 叫作比例的**外项**。”高小斯的数学果然学得好，讲出了不少比例的相关知识。

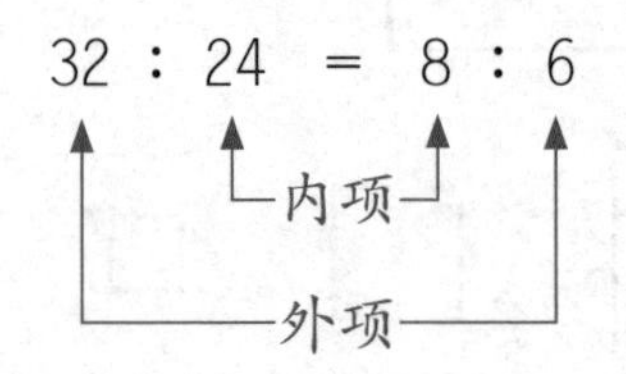

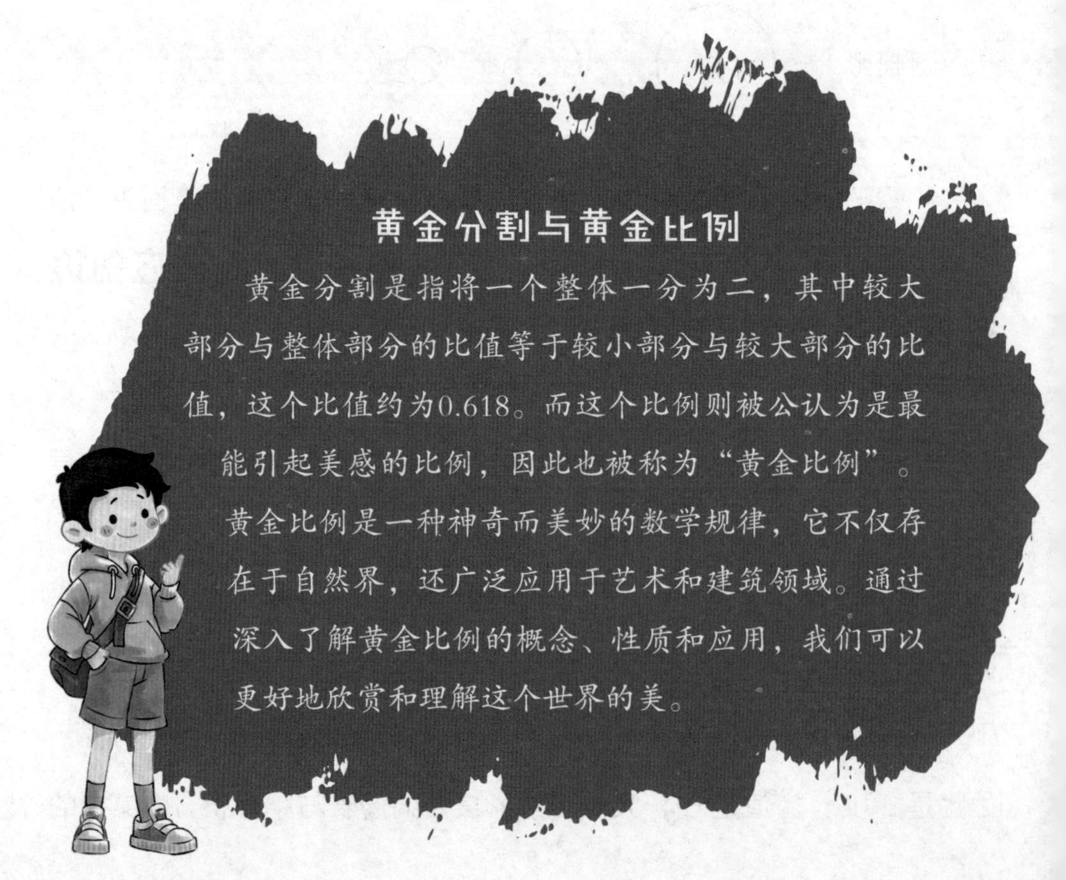

黄金分割与黄金比例

黄金分割是指将一个整体一分为二，其中较大部分与整体部分的比值等于较小部分与较大部分的比值，这个比值约为0.618。而这个比例则被公认为是最能引起美感的比例，因此也被称为“黄金比例”。黄金比例是一种神奇而美妙的数学规律，它不仅存在于自然界，还广泛应用于艺术和建筑领域。通过深入了解黄金比例的概念、性质和应用，我们可以更好地欣赏和理解这个世界的美。

紧接着，小雪又将正方形桌面数据的比例类比到圆形中。“这样看来，大小不同的圆形桌面的半径比和直径比也可以组成比例。假如大号圆形桌面的半径是 6 分米，小号圆形桌面的半径是 4 分米，那么大小桌面半径的比是 6∶4，直径的比是 12∶8。因为它们的比值都是 $\frac{3}{2}$，所以组成的比例就是 6∶4 = 12∶8。”

“我听懂了！我觉得，大小不同的圆形桌面的周长比和半径比也可以组成比例。”皓天激动地一边比画一边说，“刚才的两个圆形桌面周长的比是 37.68∶25.12，比值也是 $\frac{3}{2}$，所以可以组成比例 37.68∶25.12 = 6∶4。”听皓天这么一说，高小斯和小雪都笑着冲他竖起了大拇指。

“那大小不同的长方形桌面的数据就不一定能组成比例了吧？”皓天想到了一个新问题。

“我想是的。假如大号长方形桌面的长是 10 分米，宽是 6 分米，小号长方形桌面的长是 5 分米，宽是 4 分米，那么大号长方形桌面与小号长方形桌面的长的比是 10∶5，比值是 2，而大号长方形桌面与小号长方形桌面的宽的比是 6∶4，比值是 $\frac{3}{2}$。它们不能组成比例，这两个学习桌桌面的实际形状就不同了。”为了表达清楚，小雪还画出了桌面的示意图。

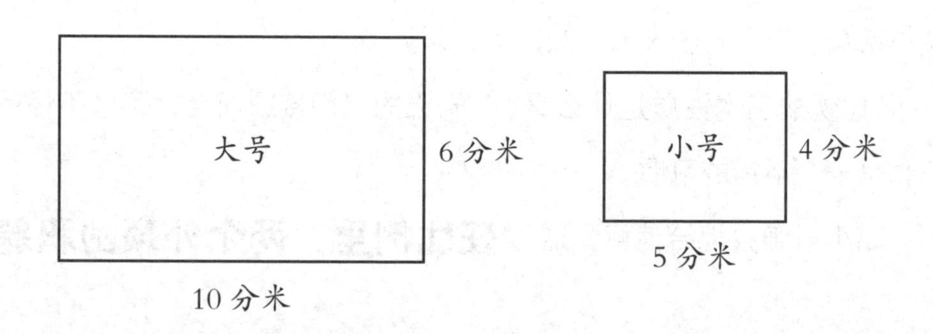

“我们还可以比较一下每个桌面的长和宽之比。大号长方形桌面长和宽的比是 10∶6，比值是 $\frac{5}{3}$；小号长方形桌面长和宽的比是 5∶4，比值是 $\frac{5}{4}$。它们的比值不同，不能组成比例。这样也可以看出，两个桌面虽然都是长方形，但形状是不一样的。”高小斯补充道。

“**通过比例来判断形状的异同**，这招真厉害！”皓天对高小斯佩服得五体投地。

皓天的话音刚落，小雪的脑子里灵光一闪，说道：“其实设计成长方形也有办法保证形状是一样的，就是无论长方形是大是小，让长和宽的比值都固定就可以了。”

“如果小号长方形桌面的长是 6 分米，宽是 5 分米，而大号长方形桌面的长是 12 分米，那宽要设计成多少才能保证形状不变呢？”皓天给小雪提了个很实际的问题。

“刚刚高小斯说了，如果每个长方形**长和宽的比值都相等**，就能**组成比例**，保持长方形的**形状不变**。所以我们先看小号长方形桌面长和宽的比是 6∶5，算出比值是 $\frac{6}{5}$；那么大号长方形桌面的宽只要用长 12 分米除以 $\frac{6}{5}$ 就行，得出是 10 分米。”这可一点儿都难不倒小雪。

“其实，还可以根据比例的基本性质来确定大号长方形桌面的宽。”高小斯又说出了一个大家不知道的知识。

“比例的基本性质是什么呀？”皓天的提问接踵而至，不过不懂就问真是一个不错的习惯。

高小斯细致地给他解释道：“**在比例里，两个外项的积等**

于两个内项的积，这就是比例的基本性质。如果两种桌面的长和宽能组成比例，那么就可以写成 $6:5=12:x$，其中两个内项的积是 60，要使两个外项的积也是 60，另一个外项就应该是 10。所以，大号长方形桌面的宽就是 10 分米。”

“比例的这个基本性质可太有用了，算起来真方便！”小雪立刻体会到了它的好处。

“学习桌设计好了吗？”充满电的小酷卡回来了。

“已经有思路了，够高效的吧！”皓天骄傲地说。

正说着，高小斯突然一拍巴掌，说：“我想到一个绝妙的点子！我们把学习桌设计成外圆内方的组合形式。独立学习时，它可以分开变成四张单人学习桌；合作探究时，它可以组合成一个学习小组的大圆

桌。而且无论尺寸大小，它们组合起来的整体形状都是圆形。”

“不错嘛！外圆内方很有中国特色，这种组合形式也非常适合未来的学习方式。我举双手赞成。”小酷卡赞赏地说。

高小斯的脸上呈现出满意的笑容，他接着说：“我们得尽快确定教室的大小，再根据教室的大小确定学习桌的具体尺寸，还得画出学习桌的设计图，以及教室的配套设备……朋友们，别松劲，要做的工作还有很多呢！”

听了高小斯的话，几个小伙伴立即动手，开始绘制学习桌的设计图。

接下来的两天，他们又马不停蹄地进行教室内部的其他设计，比如声控投射屏的接入、照明调节仪的安排、智能除尘器的放置……高小斯把这些都做成了可移动式的设计，这样无论教室是什么形状、面积有多大，施工安装都很方便。

小酷卡也没闲着，一边给他们帮忙，一边把重要的信息和设计理念传输给未来城的相关指导老师。指导老师对高小斯他们的创新设计非常感兴趣，看到设计图纸也相当满意，竖起大拇指称赞他们是顶呱呱的设计团队。

高小斯和小伙伴们一起参与未来城里未来学校的设计方案征集活动。在选择教室里学习桌的桌面形状时，他们用到了“比例”这个概念。表示两个比相等的式子叫作比例。比例这时成了一个好用的工具，可以帮助他们确定图形的形状是否相同。而在根据比例来计算长方形桌面的尺寸时，高小斯又用到了比例的基本性质。在比例里，两个外项的积等于两个内项的积，这就是比例的基本性质。

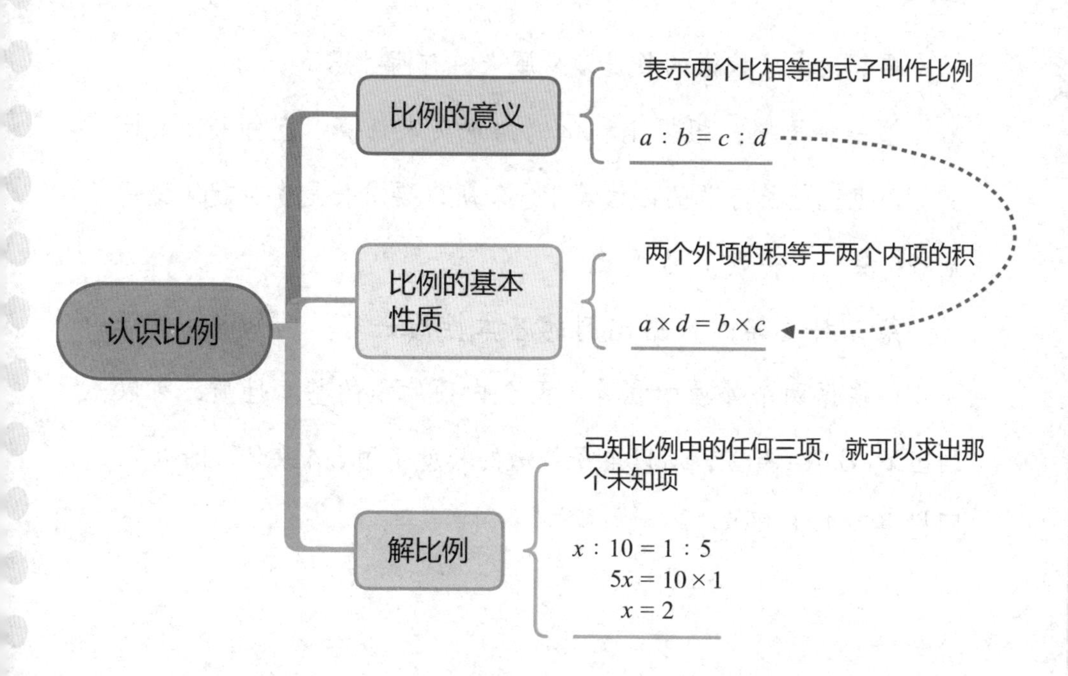

根据比例的相关知识，高小斯他们设计出了非常有创意的外圆内方的组合式学习桌，真让人忍不住称赞！

小雪想按照长：宽 = 3：2 的比例，在每一张学习桌上设计一个长方形的电子校徽。如果这个电子校徽的宽是 8.4 厘米，那么长应该是多少厘米呢?

聪明的小雪一定不会算错。那么，请聪明的你也来算一算吧。

要算出电子校徽的长是多少厘米，有两种思路。

第一种思路：根据比和比例的意义来计算。已知长：宽 = 3∶2，也就是长与宽的比值等于$\frac{3}{2}$，所以要求长是多少就应该用宽 8.4 乘$\frac{3}{2}$，得到 12.6 厘米。

第二种思路：根据比例的基本性质来算。已知长：宽 = 3∶2，根据两个外项的积等于两个内项的积的基本性质，可以列出$x:8.4=3:2$，所以电子校徽的长就是用 8.4 乘 3 再除以 2，同样得到 12.6 厘米。

第三章 03

能量转换仪

——正比例和反比例

小伙伴们出色的表现和受到的夸奖让小酷卡羡慕不已，他也很想参与未来学校的设计。只见他眼珠骨碌一转，有了一个想法："高小斯，我也申请跟你们一起设计未来学校。我们还需要给教室设计配套的能量转换仪，这个我熟悉。"

"能量转换仪是什么？要转换什么能量呢？"皓天听了，瞪大了他圆圆的眼睛，疑惑地问。

"为什么要使用能量转换仪，是未来城缺少能量吗？"小雪也不是十分理解。

"小酷卡说的可能是平衡生态环境的功能仪。"高小斯猜测道。

"对，平衡生态环境。设计能量转换仪就是为了这个。"小酷卡点了点头说，"你们知道吗，M星球是目前科学家发现的自转速度和地球最接近的星球……"

"自转速度？这个我知道。"终于讲到了皓天熟悉的领域，小酷卡的话还没说完，皓天就开始给大家解释，"地球自转一圈大约是24小时，也就是一个地球日。"

"没错，科学研究发现，星球的自转速度非常重要。自转速度过快，容易形成极端天气；自转速度过慢，不利于磁场的形成，而没有磁场，宇宙射线会对生命造成破坏，导致该星球上无法形成高等级生物。”爱阅读的高小斯知道的确实很多。

“可是自转速度和能量转换有什么关系？”小雪听得一头雾水。

“我还没说完，这不就被皓天打断了嘛。”小酷卡连忙接着说，“未来城是给未来登上 M 星球的人类准备的，所以必须让 M 星球的环境和地球环境十分接近才行。除了有与地球相似的自转速度，还要有合适的重力、温度、大气成分等等，这些都是人类生存的必要条件。重力过大，人的骨骼和肌肉没办法承受；重力过小，星球的平衡没办法维持。温度过高，不利于生命的生存；温度过低，不利于物质的形

成……”小酷卡越说越多，仿佛在开科普讲座。

“停，停，停！你说的这些我们都明白了。”皓天听得有些着急，“赶紧说说怎么个平衡法吧。”

“皓天，你耐心点儿，听小酷卡慢慢解释。”小雪拍了拍皓天。

“为了让M星球的环境接近地球环境，科研人员研发了能量控制场，人们可以通过操作平衡台来控制能量，从而调节一定空间内的重力、温度和大气成分等，确保为人类提供最接近地球的生存环境，而能量转换仪就是能量控制场的一个组成部分。”小酷卡一口气把情况介绍完了。

“这个能量控制场可真厉害！”高小斯听懂了能量转换的意义和能量控制场的作用，对这个设计项目刮目相看。

“是挺厉害的，不过这是怎么做到的呢？”喜欢动手操作的皓天想弄懂它的工作原理。

“能量控制场的操作系统我不了解，不过我熟悉能量转换墙的主控设备，它的内部是一些非常常见的机械元件。”随着“咔”的一声，小酷卡的耳朵边弹出一块小小的圆形金属片，金属片外围发出一圈圈蓝色的波光，一个圆形的光波屏幕便呈现在大家眼前。原来，金属圆片是一个无屏影像卡，有需要时，它可以把小酷卡内存中的信息投射出来。

“看，这就是能量转换仪主控设备内部的两个元件。”小酷卡说完，空气屏幕上就出现了两个咬合齿轮，一大一小，正飞速地运转着。

“这不就是两个齿轮吗，和手表里面的齿轮差不多。”皓天抬起手腕，看了看自己的手表。

“变速自行车也有大小不同的齿轮。”受到皓天的启发，小雪也想到了身边的事物。

“两个齿轮一大一小，转动的速度又不一样，不会影响动力传输和能量平衡吗？”皓天瞪大了眼睛，看得很仔细。

“你这个问题问得真好。”小雪向皓天投去赞扬的目光。

“齿轮的运转也蕴含着很多知识呢。比如大齿轮带动小齿轮，可以

加速；小齿轮带动大齿轮，可以省力。”高小斯说道。

小雪接过说：“从单个齿轮来看，如果是匀速转动，那么随着时间的变化，转过的齿数也在变化。比如 10 个齿的小齿轮每分钟转 50 圈，也就是每分钟转过了 500 齿，那么 2 分钟就转过了 1000 齿，3 分钟就转过了 1500 齿……”

“也就是说，**同一种齿轮，转动的时间扩大几倍，转过的齿数也扩大几倍**。”皓天忍不住打断了小雪的话。为了表示自己听明白了，他也举了一个例子：“如果换成 60 个齿的齿轮每分钟转 10 圈，也就是每分钟转过了 600 齿，那么 2 分钟就转过了 1200 齿，3 分钟就转过了 1800 齿……以此类推，60 分钟就转过了 36000 齿。”

项目	时间（分钟）				
	1	2	3	……	60
一共转过的长度（齿）	600	1200	1800	……	36000

“就是这个意思。”高小斯向皓天点了点头，补充道，“这时，每一种齿轮转过的齿数与时间的比值，也就是每分钟转动齿数，是不变的。像这样，两种相关联的量，**一种量变化，另一种量也随着变化**，如果这两种量中相对应的两个数的**比值一定**，这两种量就叫作**成正比例的量**，它们的关系叫作**正比例关系**。也就是说，齿轮转过的齿数和时间是成正比例的量，它们成正比例关系。”

$$\frac{\text{转过的齿数}}{\text{时间（分钟）}} = \text{每分钟转过的齿数（一定）}$$

“比值一定就成正比例关系？好像和除法里的什么知识点有些类似啊。”皓天脑子里有些模糊印象。

“确实，和除法中**高不变的规律**有些相似。可以啊，都学会举一反三了。”高小斯笑着对皓天说。

“嘿嘿，还行吧。”听见高小斯的夸奖，皓天是一点儿也不客气，“不过你刚刚说的是同一种齿轮，而小酷卡的光波屏幕上有一大一小两个齿轮，而且转动的速度也不一样吧。”

“是的，两个相互咬合的齿轮一起转动，可就没这么简单了。”高小斯拿出书写屏，一边画图一边解释，“这两个**大小不同的齿轮**转动的速度虽然不同，但是在**相同时间**内它们转过的齿数肯定是一样的。”

“速度不同，但转过的齿数是一样的？”小酷卡对这个说法一下子没能理解。

“对，转过的**齿数相同**，转的**圈数不同**。”这一次皓天听明白了，抓过书写屏迫不及待地画起来，“你看，如果两个齿轮互相咬合，小齿轮转过一个齿，大齿轮同时也会转过一个齿。假如小齿轮有 10 个齿，它转过 40 个齿就是转了 4 圈，而此时大齿轮也转过了 40 个齿，但是大齿轮本身就有 40 个齿，所以大齿轮只需要转 1 圈。”

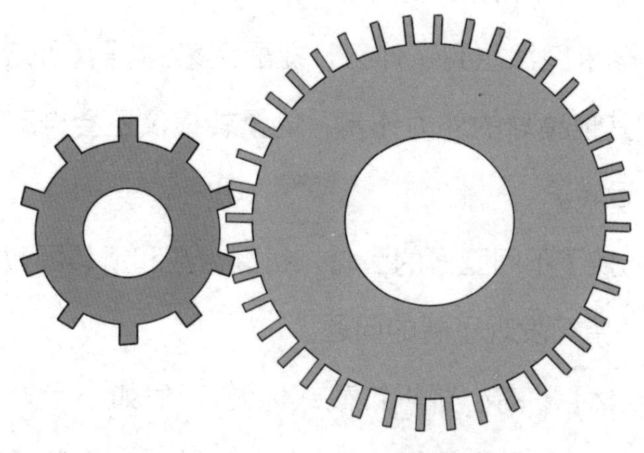

所转圈数	4 圈		1 圈
每圈齿数	10 齿		40 齿
转过的齿数	40 齿	=	40 齿

高小斯又补充道："我们可以发现小齿轮和大齿轮**所转圈数的比**是 4 : 1，而它们**每圈的齿数的比**是 1 : 4，是**相反**的。"

"所以这是成反比例，对不对？"小雪猜测道。

"没错！像这样，两种相关联的量，**一种量变化，另一种量也随着变化**，如果这两种量中相对应的两个数的**乘积一定**，这两种量就叫作**成反比例的量**，它们的关系叫作**反比例关系**。两个相互咬合的齿轮，转过的齿数不变，每圈齿数和所转圈数就成反比例关系。"高小斯肯定了小雪的想法。

每圈齿数 × 所转圈数 = 转过的齿数（一定）

"假如小齿轮有 100 个齿，大齿轮有 500 个齿，大齿轮转动一圈，小齿轮就会转动 5 圈。是这个意思吗？"小雪接着问。

"对！"高小斯"啪"地一拍手。

小酷卡突然想到了什么，提醒大家："据我所知，由于宇宙环境的变化和其他星球的外力作用，能量转换仪还会自动切换不同型号的齿轮进行运转。"

"切换了不同型号的齿轮，每圈齿数和所转圈数还会成反比例关系吗？"小雪又发现了新的问题。

"当然！"高小斯斩钉截铁地说，"假如小齿轮有 150 个齿，大齿轮有 450 个齿，那么当大齿轮转动 9 圈时，你还可以通过反比例关系算出小齿轮转动的圈数。"

正反比例关系的图像

正反比例关系可以用图像来表示，正比例关系的图像是直线，反比例关系的图像是光滑的曲线。

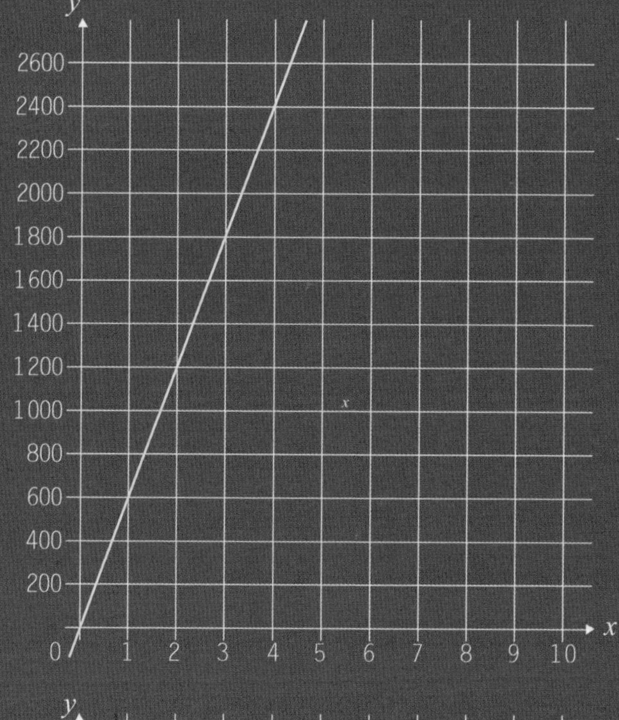

正比例关系

$\frac{y}{x}=600$

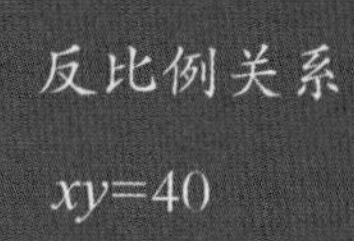

反比例关系

$xy=40$

“450 乘 9 等于……” 小雪站起身想找草稿纸。

“我来帮你算。” 皓天手里有书写屏，一下就算出了答案，“450 乘 9 等于 4050，4050 除以 150 等于 27。这时小齿轮会转 27 圈。”

“完全正确！小齿轮和大齿轮齿数的比是 1∶3，所转圈数的比就是 3∶1。皓天，这下你不用担心速度不同会影响动力传输和能量平衡了吧。” 高小斯看着皓天的眼睛打趣道。

“我想得太简单，也太幼稚了。” 皓天不好意思地笑了笑，“不过，我想能量转换仪的主控设备内部肯定不止两个齿轮在咬合转动，也可能是三个、四个，甚至更多个齿轮在相互咬合转动，整个设备内部肯定很复杂。” 皓天对机械知识有一定的了解，而且他的动手能力也不一般，平时就喜欢拆装钟表、小家电之类的东西，最近他对机械组装越来越着迷了。

“这么大型的设备确实会很复杂。” 小雪点点头。

“大家不用想得太多，只要在设计时合理选用现成的能量转换设备就可以啦。现在我们抓紧时间为未来学校设计能量转换仪吧。” 小酷卡查了查系统里记录的行程，连忙提醒大家说，“而且一所学校光有教室也不行啊，还得设计别的吧。另外，未来学校设计方案征集活动的截止日期快到了，我们的时间很紧迫！”

听了小酷卡的提醒，高小斯他们才想起自己的设计师身份。大家围在一起七嘴八舌地说着自己的想法，最后按照小酷卡的思路，为教室设计好了所需的能量转换仪。

完成了教室的内部设计方案，大家开始继续讨论。小酷卡说得没错，一所学校光有教室怎么行呢，还得有其他的配套设施。

“我想设计一个智慧游乐场。未来学校里应该有一个非常炫酷、有趣的智慧游乐场。里面的每个游乐设施都要精心设计，一定要能启发思维、提升智力。”小雪还是忘不了她的智慧游乐场。

“还是设计一个超级图书馆吧，不是说学生要多读书嘛。”皓天和小雪争论起来。

“我看都行。”小酷卡说着转头看了看高小斯。高小斯没说话，正低着头在书写屏上画着什么……

数学小博士

高小斯和小伙伴们需要在未来学校里设计能量转换仪。在小酷卡给大家展示能量转换仪主控设备的元件时，大家了解了齿轮运转中存在的正比例关系和反比例关系。

两种相关联的量，一种量变化，另一种量也随着变化，如果这两种量中相对应的两个数的比值一定，这两种量就叫作成正比例的量，它们的关系叫作正比例关系。两种相关联的量，一种量变化，另一种量也随着变化，如果这两种量中相对应的两个数的乘积一定，这两种量就叫作成反比例的量，它们的关系叫作反比例关系。

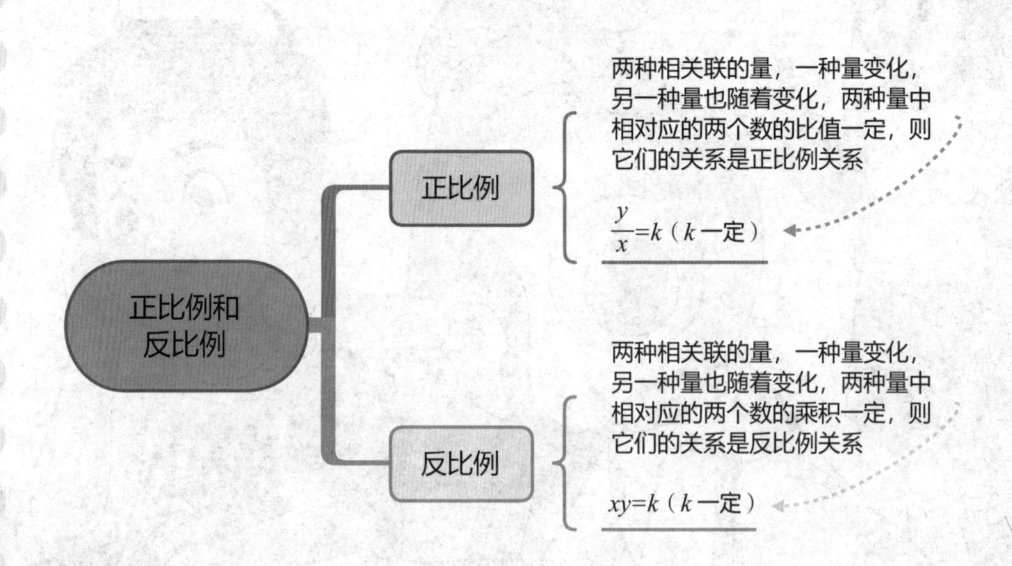

对于能量转换仪的主控设备工作时三个齿轮相互咬合运转的情况，皓天感到非常好奇。休息的时候，他和小雪又交流起来。皓天觉得三个或者四个齿轮咬合运转时就不能用反比例来思考了，小雪也不确定皓天说的是否正确。

那么三个或四个，甚至更多个齿轮咬合运转时到底有没有反比例关系呢？我们以三个齿轮为例来判断一下。

如果有大小不同的 A、B、C 三个齿轮相互咬合转动，它们每圈齿数的比是 10∶15∶40，那么在相同时间内，它们所转圈数的比是多少？它们之间存不存在反比例关系呢？

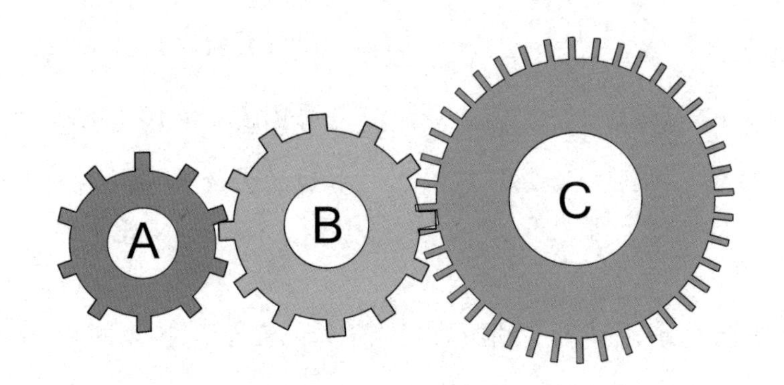

三个大小不同的齿轮相互咬合转动时，在相同时间内它们转过的齿数也都是相同的。A、B、C 三个齿轮每圈齿数的比是 10 : 15 : 40，可以把相同时间内一共转过的齿数看作“1”，那么它们所转圈数比就是 $\frac{1}{10}:\frac{1}{15}:\frac{1}{40}$，化简后就是 12 : 8 : 3。这时，A、B、C 三个齿轮所转的对应圈数和每圈齿数的乘积也是一定的，也就是“每圈齿数 × 所转圈数 = 转过的齿数（一定）”，所以它们之间依然是反比例关系。

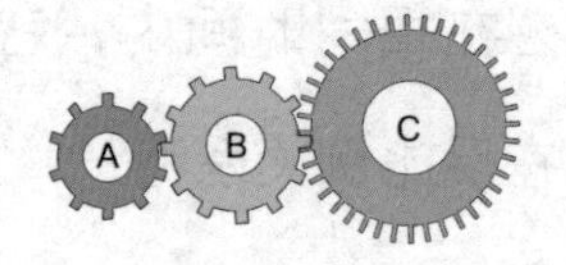

所转圈数 $\frac{1}{10}:\frac{1}{15}:\frac{1}{40}$

每圈齿数 10 : 15 : 40

转过的齿数 不变，假设是“1”

→

所转圈数 12 : 8 : 3

×

每圈齿数 10 : 15 : 40

=

转过的齿数（乘积不变，成反比）

按照这个思路可以推断出，四个、五个，甚至多个大小不同的齿轮咬合转动时，也都是反比例关系。如果不相信，你可以亲自验证一下哦！

第四章

04

智慧游乐场

——放大和缩小

小酷卡低头盯着高小斯画画儿，小雪和皓天见他俩都不说话了，也围过去一探究竟。电子笔在屏幕上游走着，没一会儿，高小斯就在书写屏上画出了一个智能机器人。

“你怎么突然画起机器人来了？”皓天不解地问。

“我们先实现小雪的心愿，设计未来学校里的智慧游乐场吧。”高小斯指了指屏幕上的画儿说，“我画的这个机器人是游乐场的工作人员，我给它起名叫卡西。”

“工作人员，是检票员吗？”小雪见高小斯准备帮自己设计游乐场，顿时兴致高涨起来，“但是听我爸爸说，未来城里的建筑物都是超级智能的，有人脸识别系统和安全检测设备，哪儿还用得着机器人检票啊。”

高小斯笑着摇了摇头，说：“卡西是智慧游乐场的导游，可以随时为到游乐场游玩的同学服务。它也是项目卡口测试员，可以管理和监控同学们使用游乐设施的情况。”

小雪得意地看向皓天，眼神好像在说：“高小斯已经开始为我的智慧游乐场设计机器人了，怎么样，羡慕吗？”但让小雪感到意外的是，皓天并没有什么反应。原来，皓天被高小斯关于机器人的畅想吸引住了，他一脸认真地问高小斯：“项目卡口测试员是干什么的？”

高小斯向皓天介绍自己的想法："我想，智慧游乐场每一个项目的入口都需要有一个卡口，只有通过了智慧测试才能进去，这样就把学习和娱乐融为一体了，而卡西就是负责智慧测试的。"

"智慧测试要怎么测试呢？"小雪也对高小斯的想法产生了浓厚的兴趣。

"不如我们请小酷卡模拟一下？"高小斯看着小酷卡，冲他做了一个请的姿势。

小酷卡想了想就明白了高小斯的意思，开启了记忆搜索功能。几秒钟过去后，他在自带的光波屏幕上显示出一幅图。"那就先考考你们的眼力吧。"小酷卡出了第一道题目，"比一比，这两个图形哪个大？"

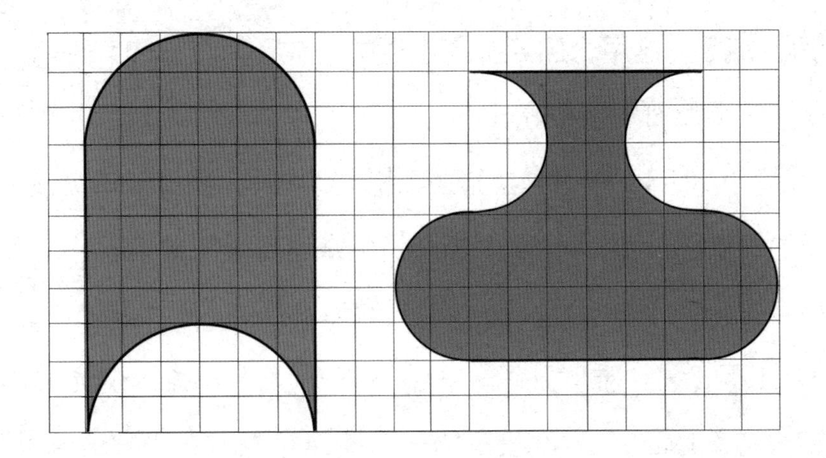

“我觉得右边花瓶形状的图形比较大，因为它更宽一些。”心急的皓天忍不住抢先回答。

“我看差不多大吧。”小雪不同意皓天的看法。

高小斯没急着回答，想了想，说：“变一变，我们就可以更好地比较它们的大小了。”说着，他用电子笔在两个图形上画了几笔。

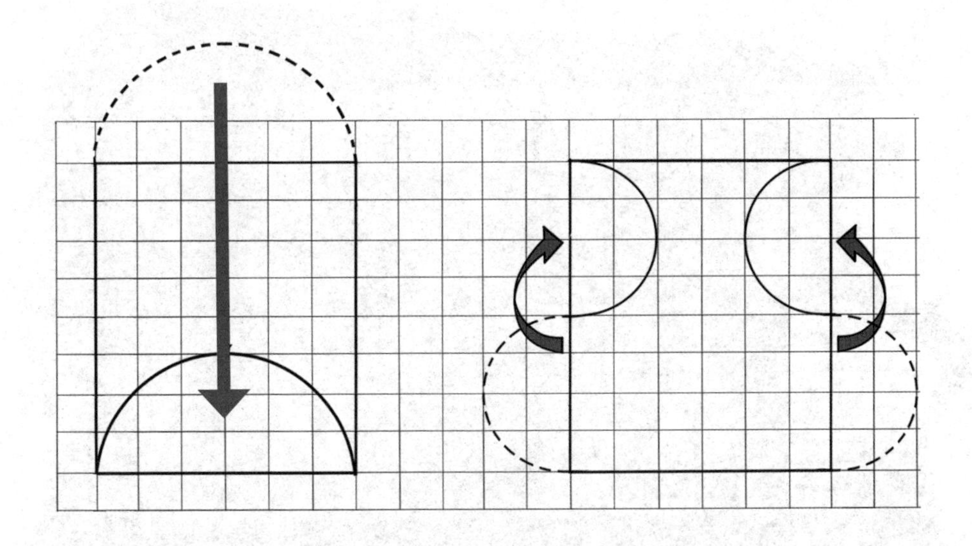

“我看出来了，这两个图形一样大！”小雪立刻看出了其中的玄机。

“回答正确！”小酷卡播放了一段欢快的音乐，然后讲解道：“通过

移动和拼接，这两个图形被高小斯转化成了两个长和宽相等的长方形，所以它们的面积也相等。”

“我说小酷卡，你出的这道题有点儿简单呀，项目卡口应该出一些有难度的测试题。”皓天大言不惭，竟然嫌题目太简单了。

小雪扭头瞪了他一眼，说：“明明你都没答对，别添乱。”

“这还不容易，难度升级——请看下一题。”小酷卡的光波屏幕上显示出一道新题目：“假设教室的一个墙面是长方形，它的周长是 15 米，已知宽是长的 $\frac{2}{3}$，那么宽是多少米？”

周长 15 米　宽是长的 $\frac{2}{3}$

长

全等变换和相似变换

图形变换前后的形状和大小不变，仅仅是位置发生了变化，这种就是全等变换。在小学阶段，全等变换主要学习的是平移、旋转和轴对称。

图形变换前后的形状不变，仅仅是大小发生了变化，这种就是相似变换。在小学阶段，相似变换主要学习的是图形的放大和缩小。在相似变换的过程中，原图形所有的角的大小都保持不变，所以相似变换也被称为“保角变换”。

看到这道题目，皓天眉头紧皱，努力地思考着。

“哈哈，这下难住了吧！”小酷卡得意地说。

“长方形的周长是 15 米的话，那么**一条长和一条宽的和**就是 7.5 米……”皓天思考到这里，脑子有点儿卡壳。

小雪看皓天卡住了，接着说道：“宽是长的 $\frac{2}{3}$，我们把**宽看成 2 份，长看成 3 份**，合起来是 5 份。这样就可以用长加宽的和先除以 5，算出其中的 1 份，然后就能算出长和宽分别是多少了。”

“我明白了，7.5 除以 5 再乘 2，所以宽是 3 米。”皓天恍然大悟。

“还有一种方法。”高小斯接着说，“宽是长的 $\frac{2}{3}$，也可以想成**宽和长的比是 2 : 3**，那么宽就是长与宽的和的 $\frac{2}{5}$。7.5 乘 $\frac{2}{5}$，也能算出宽是 3 米。”

“好了好了，我看模拟测试也差不多了。”皓天感觉脑子有点儿不够用了，赶紧催促高小斯，“我们还是想想智慧游乐场里都有什么游乐设施吧。”

顶呱呱的设计团队想建造什么样的智慧游乐场呢？

“可以把世界上的著名景点借鉴一些进来，这样，大家进入游乐场就好像在周游世界。”小雪一直有周游世界的梦想。

皓天立刻举双手赞成，他也想周游世界。

“这样的话，我觉得埃及的卢克索神庙很有特色，柬埔寨的吴哥窟也很神秘。”高小斯提出建议。

“还有法国巴黎的埃菲尔铁塔、印度的泰姬陵、意大利的比萨斜塔、澳大利亚的悉尼歌剧院……”说起景点，小雪兴奋地停不下来。

“这些建筑都很经典，但如果按原尺寸建造的话，智慧游乐场里恐怕放不下。所以我们需要按照一定的比例仿建，还要尽量还原它们独特的风采。”高小斯边说边在电脑上查询资料和数据，“根据它们各自的大小和学校实际场地的大小，我们可以按照 1∶3 或 1∶5 或 1∶10 等不同的比例来仿建。”

“1∶3，1∶5，1∶10，这是把景点放大了，还是缩小了呀？”小酷卡不解地问。

“这么多景点建在智慧游乐场，当然是要缩小呀。”小雪说。

“我先来给你补一补关于平面图形**按比例放大和缩小**的知识吧。”高小斯像个老学究似的慢条斯理地说道。

“我来给他讲，你们俩继续去画游乐场的设计图吧。”为了不耽误智慧游乐场的设计进度，小雪主动承担起给小酷卡补课的工作。

小雪清了清嗓子，讲道：“如果把一个长方形的**长和宽都放大到原来的 2 倍**，放大后的长方形与原来长方形对应的边的长度比就是 2∶1，这就是把原来的长方形**按 2∶1 放大**了。”

“那反过来就是缩小了吧。”小酷卡的学习能力很强。

“是的。”小雪点点头说，“如果一个长方形的**长和宽都缩小到原来的** $\frac{1}{2}$，这就是把原来的长方形**按 1∶2 缩小**了。”

“这样说的话，如果把一个图形的每条边都放大到原来的 3 倍、4 倍或 5 倍，它们就是按 3∶1，4∶1 和 5∶1 放大。”小酷卡竟然学会举一反三了，“相反，如果把一个图形的每条边都缩小到原来的 $\frac{1}{3}$，$\frac{1}{4}$ 或 $\frac{1}{5}$，它们就是按 1∶3，1∶4 或 1∶5 缩小。”

“没错，你很聪明，就是这样。比一比对应边的倍数关系，就可以知道这个图形变化的特点了。”小雪对自己的授业结果感到满意。

在一旁辅助高小斯画设计图的皓天听见两个人的对话，想考一考小酷卡。于是，他抬起头对小酷卡说：“一个长方形的长是 10 厘米，宽是 4 厘米。如果按 2∶1 放大，放大后的长方形长和宽各是多少，你能算出来吗？”

“这有什么难的。按 2∶1 放大的话，只要把长和宽都扩大 2 倍就可以了。所以放大后，长是 20 厘米，宽是 8 厘米。

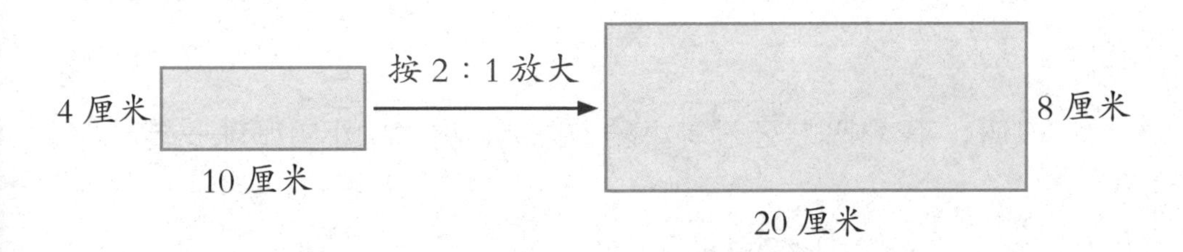

“如果按 1∶2 缩小的话，缩小后的长和宽分别是 5 厘米和 2 厘米。”

小酷卡不仅回答了皓天的问题，还说出了缩小后的图形大小。

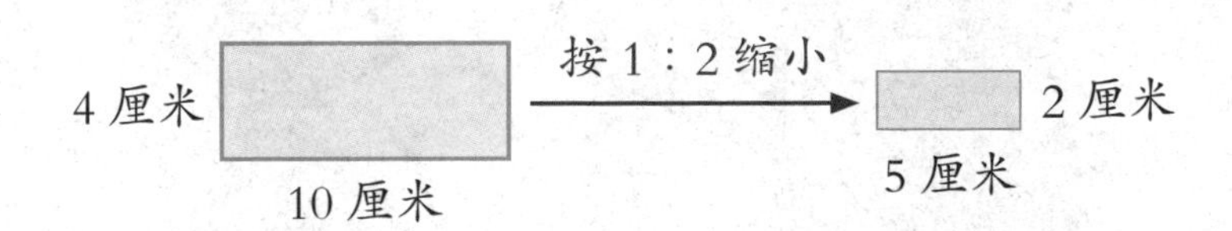

皓天冲着小酷卡竖起大拇指，表示称赞。随后，他又拿出一张白纸，在上面画了一个三角形，让小酷卡按 1∶3 画出缩小后的图形。因为在智慧游乐场的设计中，涉及的按比缩小的情况特别多，可不能有一点儿差错。

皓天画的是一个直角三角形，两条直角边分别是 6 厘米和 9 厘米。

小酷卡对按比扩大和缩小的方法已经非常熟悉了，三角形也难不倒他，他一下子就算好并画出了缩小后的三角形。

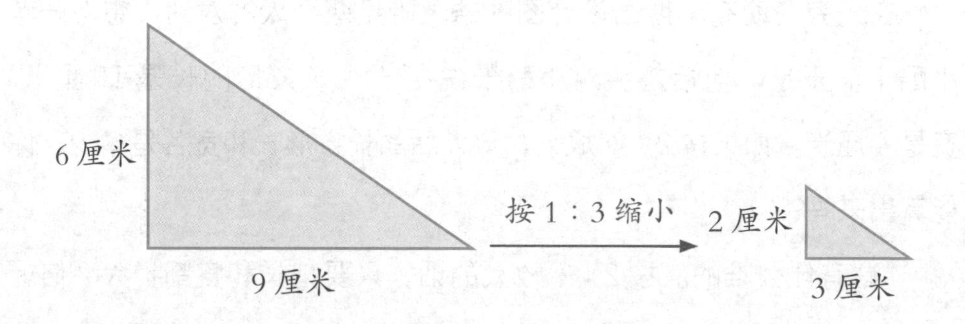

“把按比放大和缩小弄清楚后——”小酷卡准备考虑接下来的工作了。

“哎呀，不对吧。”还没等小酷卡说完，旁边的小雪眼珠一转，“你

计算的时候，直角三角形的斜边没有缩小啊。”

“啊……是应该把三角形的每一条边都缩小 $\frac{1}{3}$ 才对。”小酷卡觉得小雪说得有道理，“可是，斜边没有标明长度啊。要不用尺子量一量，看看缩小后与缩小前两个三角形斜边的长度比是不是 1∶3。如果是的话，就证明刚才我画的图形是对的。”说着，他四处张望，想找一把尺子——他自己的尺子正被高小斯拿着画图呢。

小雪拉着小酷卡，摇摇手指，说：“不用找尺子，我教你一个巧方法。”只见她把缩小后的三角形裁剪下来，放到原来的三角形顶部，让两个三角形的斜边对齐，然后接连向下翻转。小酷卡看到，小三角形的斜边恰好在大三角形的斜边上落下了三次——这就验证了缩小后的三角形的斜边是原来的 $\frac{1}{3}$ 。

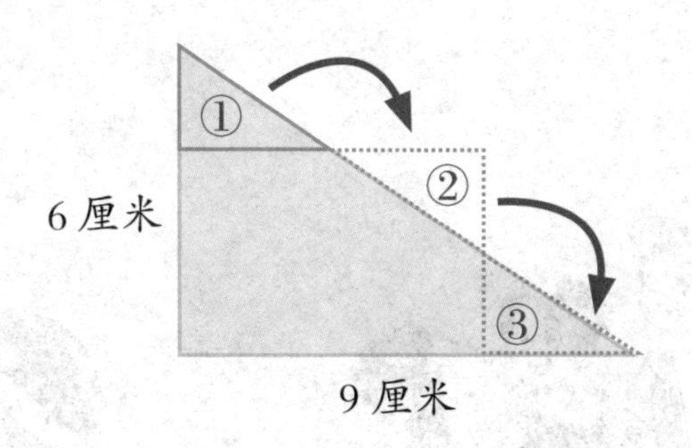

“把一个三角形放大或缩小，只要按要求变化其中的两条边，第三条边的长度就一定会随着按相同的比放大或缩小的。”小雪讲完忍不住笑了，“哈哈，其实我是逗你的，这个规律我当然知道啦。现在你亲自参与验证过，是不是也记得牢牢的了？”

“嗯，嗯，嗯！”小酷卡连连点头。大家见状都忍不住笑起来。

按比放大和缩小的问题终于弄清楚了。四位小设计师继续围在一起投入工作，他们选了一些世界著名景点和有趣的游乐设施，把相关资料和数据都整理了出来，还画了一些草图。

“这样的智慧游乐场肯定很受学生们的欢迎。”小酷卡今天学到了新知识，心情特别好，程序都运行得更顺畅了，“让我用最新装载的幻境程序试一试效果。”

高小斯他们还没反应过来，就听到“咔嚓”一声，三个人抬头一

看，原来是小酷卡用自己的眼睛拍下了桌上的几张草图。

接下来，他们看到了一个特别震撼的虚拟场景：在一个规模宏大的游乐场里，未来学校的学生们在卡西的带领下，进行智慧测试，参与项目游玩。穿梭在世界著名景点之间，每个人的脸上都绽放着欢乐与满足的笑容。

数学小博士

高小斯和小伙伴们在画智慧游乐场的设计图时，需要将建筑物的平面图形按一定的比进行缩小。按比缩小和放大是绘制设计图的重要环节，图形的放大与缩小也是生活中常见的现象。把一个图形放大或缩小后所得的图形与原来的图形相比，形状相同，大小不同。

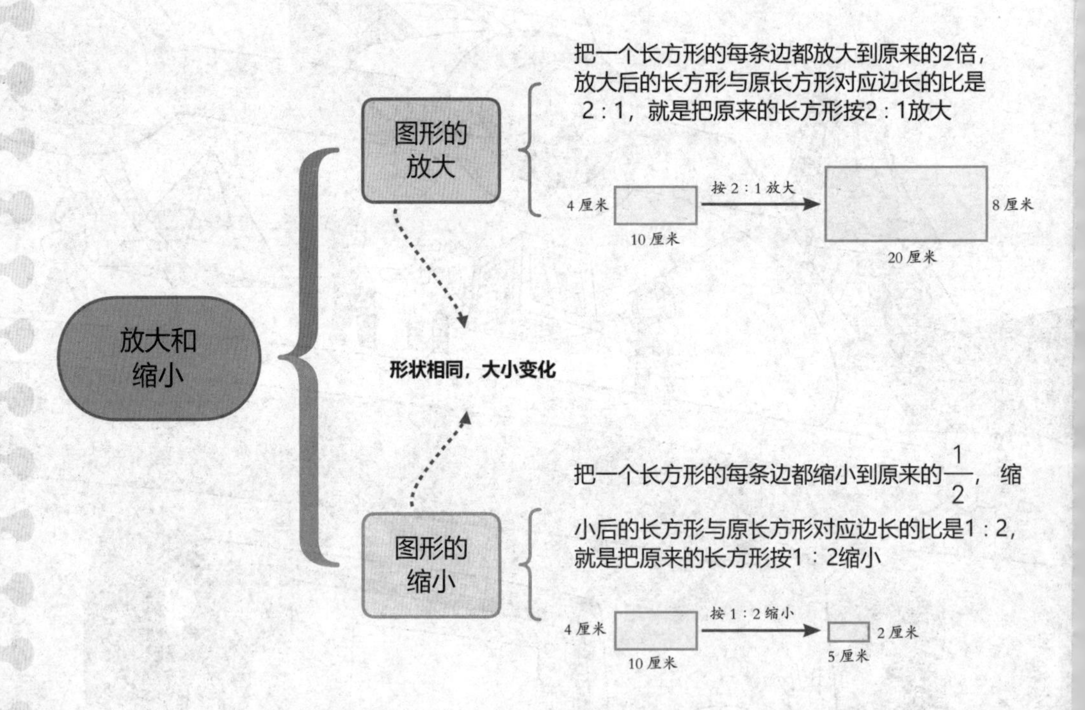

在方格纸上按一定的比画出放大或缩小后的图形的方法：一看，看原图各边占几格；二算，计算按一定的比把图形放大或缩小后得到的新图形的各边占几格；三画，按计算后得到的新图形的边长画出新图形。

在绘制智慧游乐场设计图的过程中，高小斯发现需要将一个平行四边形的看台按 3∶10 缩小。原来平行四边形看台的底是 90 厘米，高是 40 厘米，缩小后的平行四边形看台的底和高分别是多少呢?

该如何缩小平行四边形呢？请你来试一试吧。需要注意，缩小后的图形除大小外，形状等其他方面不能变化哦。

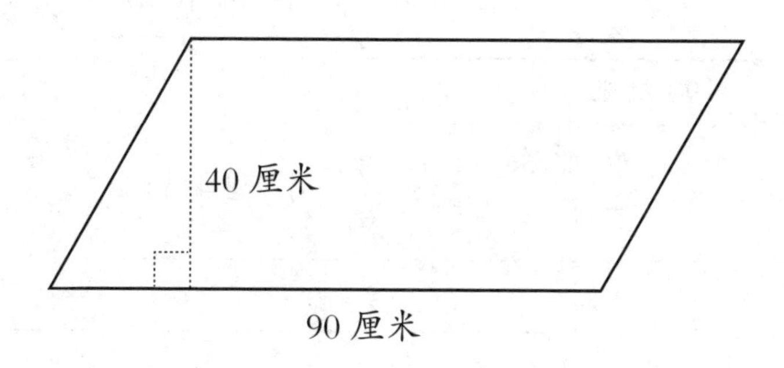

平行四边形的放大和缩小与长方形、正方形、三角形有所不同，涉及四个角的角度问题。可以这样做：

要把一个底 90 厘米、高 40 厘米的平行四边按 3∶10 缩小，也就是要把平行四边形的每条边都缩小到原来的 $\frac{3}{10}$。为了确保缩小后图形的形状不变，可以先缩小平行四边形的高。用

40乘$\frac{3}{10}$，得到缩小后的高是12厘米。然后量出原来平行四边形的底被高分成的左右两部分的长度，分别是30厘米和60厘米，把这两部分分别乘$\frac{3}{10}$，得到缩小后是9厘米和18厘米。把这些关键线段按比缩小后，缩小后的平行四边形就很容易画出了。

试一试，你做对了吗？

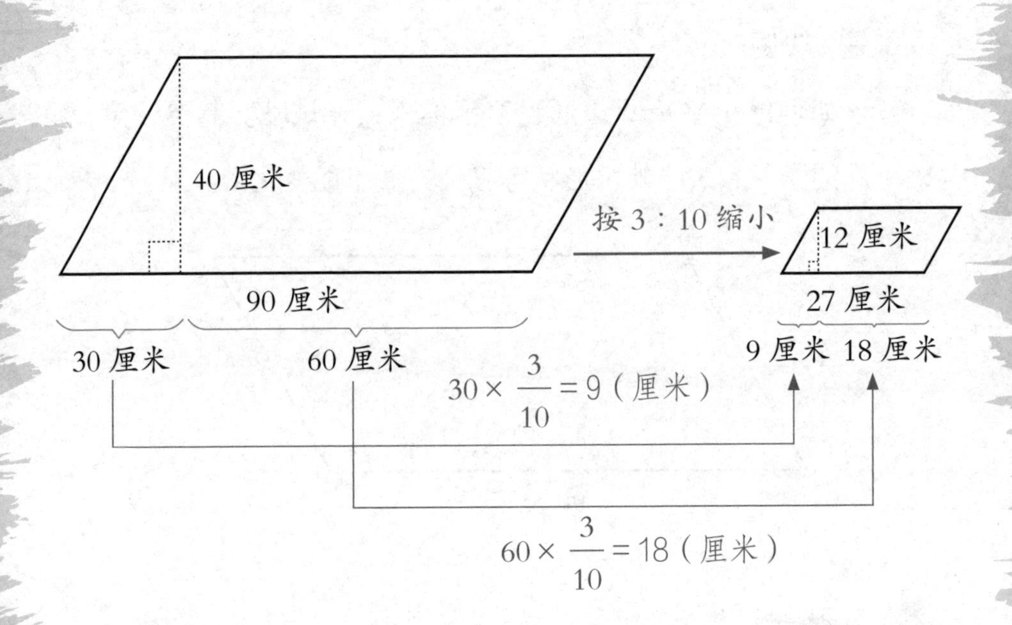

05

第五章

校园有巧思

——认识比例尺

“先别看啦！”大家正沉浸在虚拟场景中时，高小斯突然大喊一声，不仅把大家吓了一跳，还打断了小酷卡正在运行的幻境程序。

“怎么了，这样大惊小怪的！”小雪从美好的幻境里被拽回现实，莫名其妙地看向高小斯。

“你们难道不记得我们的任务是什么了吗？”高小斯的声音有点儿着急，“设计出未来学校的图纸，争取机会去 M 星球呀！留给我们的时间可不多了。”

皓天拍了一下自己的小脑袋，不好意思地说："哎呀，怎么把最主要的任务给抛到脑后去了。"

小酷卡查了查记录，及时汇报工作进度："我们已经重点设计了教室内部和智慧游乐场，现在需要好好考虑未来学校的整体布局。"说完，他又向三个小伙伴报告，"朋友们，我刚刚接到航天研究所的紧急任务，今天就要回去了。后面的设计工作你们继续加油啊，我只要有时间就会在线关注你们的！"小酷卡依依不舍地跟三个小伙伴告别，高小斯、皓天和小雪都表示请小酷卡放心，他们会一起努力。

送走小酷卡，三个人回去继续讨论。经历过教室、能量转换仪和智慧游乐场的设计，这次他们很快就有了不错的想法。

小雪想参考她家乡的传统建筑——土楼，把学校整体设计成**圆形**的，这样可以把教室安排在圆环形的建筑中，中间还能有很大的空间供学生活动。皓天想结合北京的四合院，把学校整体设计成**方形**的，四边的建筑做教室，中间的空地做操场和智慧游乐场。高小斯则想设计一个**可以变形**的学校，各处都能随意灵活调配。

今天时间不早了，大家只有初步的想法，还有很多问题来不及讨论。所以大家约定，用一天的时间，各自在家理清思路，画出学校整体布局的草图，后天再一起交流想法。

第二天，为了让自己的设计新颖又实用，大家绞尽脑汁，挖空心思，查阅了不少关于学校设计的资料。时间过得飞快，到了约定的日子，三个小伙伴又聚在一起，开始各自介绍自己的方案。

小雪的设计草图像一朵花，周围是绽放的花瓣，看上去非常漂亮。

她指着自己的设计草图介绍道："我想，未来学校应该让班与班之间的交流更加便捷，学生也要有充足的活动空间，于是我就借鉴土楼的样式，设计出了这样的学校。你们看，蓝色的环形区域是教室，可以根据学校的具体人数调整教室数量；中间的绿色区域是操场，是整个学校的活动中心，可以设置足球场、篮球场等；四周的花瓣是智慧游乐场，每个区域不同主题，同学们可以在那里活动。”

小雪刚说完，皓天就忍不住提问：“你设计了这么多场地，中间的操场有多大面积？你是用多少的**比例尺**计算的？”

小雪没听清皓天的话，愣了一下说："什么尺子？我是用圆规画的。"

"皓天说的是**比例尺**，用来**表示图上距离和实际距离的比**。"高小斯解释道，"画设计图都要用到比例尺，需要确定图中所画建筑物的数据和实际建筑物的数据。"

"原来皓天是在考我呀。"小雪反应过来，决定也回敬皓天一个问题，"假设我设计的学校实际小圆的直径是 100 米，大圆的直径是 150 米；而图纸上画出来的小圆直径是 10 厘米，大圆直径是 15 厘米。皓天，请你来算一算，我用的比例尺是多少？"

"这个问题还不简单嘛，用图上的小圆直径比实际的小圆直径，10∶100＝1∶10，比例尺是 1∶10。"皓天脱口而出。

高小斯和小雪"扑哧"一声笑了。皓天这个家伙，在解决实际问题时，一点儿也不细心。

"皓天呀，比例尺 1∶10 的意思是图上 1 厘米的距离相当于 10 厘米的实际距离。"高小斯赶紧提醒皓天。

"我知道啊……"皓天瞪着眼睛，一脸茫然。

"还是我来解释吧。"看着皓天的样子，小雪笑着说，"用图上距离比实际距离时**单位要统一**，先把 100 米换算成 10000 厘米。所以我的设计图的比例尺就应该用 10∶10000，化简得到 1∶1000。这是比例尺的第一种形式——**数值比例尺**。这个比例尺用文字描述出来就是：图上 1 厘米的距离表示实际 1000 厘米的距离，也就是 10 米。这是比例尺的第二种形式——**文字比例尺**。比例尺还有第三种形式——**线段比例尺**。"说着，她在纸上画出了这个线段比例尺。

“这个我早就知道，刚才是口误——”皓天把“误”的音拖了很长，然后连忙埋头修改自己设计草图的比例尺。原来，他算比例尺时单位都没有统一。小雪笑着摇摇头，高小斯也对皓天的马虎表示无奈。

小雪继续阐述自己的想法：“我设计的学校操场的直径比集庆楼土楼还大，它的面积是 $3.14\times50^2=7850$（平方米），比一个标准足球场的面积还大一些，用于学生活动，面积是足够的。这么大的面积可以细分出多个活动区域，我现在只是把整体框架画出来了，里面的细节我还没想好。”说完，小雪向两人示意自己的介绍已经结束。

“接下来看看我的吧。”皓天修改好比例尺，迫不及待地在屏幕上展示出自己的设计草图。这是皓天借鉴四合院结构设计的学校，四面都是教室，中间是操场和智慧游乐场。

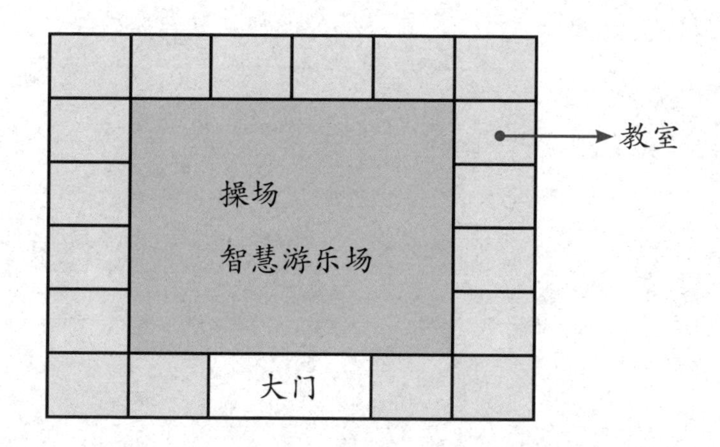

皓天介绍道：“我和小雪的想法有点儿像。我把操场和智慧游乐场安排在中间，把学校整体设计成长方形，同样是为了方便学生之间的学习和交流，就像四合院一样，出门可以看见每一间教室的门。我用的比例尺是 1∶2000，中间的绿色区域是操场和智慧游乐场，它是一个长 4 厘米、宽 3 厘米的长方形。你们能算出操场的实际面积是多少吗？”

高小斯笑了笑，自信地说：“我想到了**两种计算方法**。**第一种**，根据比例尺我们可以知道图上 1 厘米的距离表示实际 20 米的距离，所以操场的实际长度是 4 乘 20 等于 80 米，操场的实际宽度是 3 乘 20 等于 60 米，操场的实际面积就是 4800 平方米。**第二种**，我们先算出图上的操场面积是 12 平方厘米，再根据比例尺图上 1 厘米的距离表示实际 20 米的距离，算出图上的 1 平方厘米相当于实际的 20 乘 20，即 400 平方米，最后算出操场的实际面积是 12 乘 400 等于 4800 平方米。”

缩小比例尺和放大比例尺

当图上距离比实际距离小时，所用的比例尺就是缩小比例尺。如原长度为5厘米的零件，画在图纸上为1厘米，这幅图的比例尺就是1∶5。缩小比例尺的前项（分子）通常为1。缩小比例尺比较常见。

当图上距离比实际距离大时，所用的比例尺就是放大比例尺。如原长度为1厘米的零件，画在图纸上为5厘米，这幅图的比例尺就是5∶1。放大比例尺的后项（分母）通常为1。前项（分子）越大，比例尺就越大，内容越详细，精度越高。

方法一：

比例尺为图上 1 厘米的距离表示实际 20 米的距离

实际的长：$4\times20=80$（米）

实际的宽：$3\times20=60$（米）

实际的面积：$80\times60=4800$（平方米）

方法二：

图上的面积：$4\times3=12$（平方厘米）

比例尺为图上 1 厘米的距离表示实际 20 米的距离

图上 1 平方厘米就相当于实际：$20\times20=400$（平方米）

实际的面积：$12\times400=4800$（平方米）

高小斯讲解得太精彩了，小伙伴们都为他竖起大拇指。皓天都有点儿不好意思了，挠挠头说：“那个……那个……第二种方法我还真没想过。”

“下面轮到高小斯了，快让我们看看你的设计方案吧。”小雪对高小斯的设计方案充满期待。

高小斯在屏幕上展示出自己的设计草图，小雪和皓天大吃一惊：这是一个由几个六边形组成的图案，就像是蜂巢的截面。

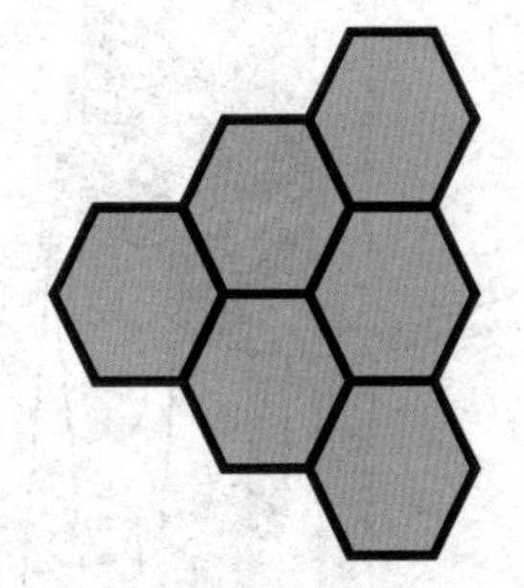

高小斯看大家一脸疑惑的样子，便笑着

开始讲解自己的想法："我是受到蜂巢的启发，把教室设计成了**正六边形**，而且这些教室可以任意组合，拼出不同的形状。所以我设计的学校是可以变形的。"说完高小斯就开始变换六边形的位置，拼出了不同样子的学校。

“我暂时只画了六间教室、三种组合方式来说明我的设计方案，如果再多安排一些教室，拼出的形状会更多。我把教室设计成了可移动式的，能根据学校的不同需要随意调配，智慧游乐场的位置也可以灵活安排。这样的学校可以经常变换布局，又新鲜又有趣，也很实用。”

“高小斯，你可真是脑洞大开啊，佩服！”小雪赞叹道。

高小斯得意地笑笑，接着说：“而且我觉得未来学校应该是一个开放式的学校，只要是愿意学习的人，都可以进去学习。人们在学校里不但能学习知识，还能与不同的人进行交流探讨，那才有意思呢！我还会给学校划分出不同的区域，让所有学生都能自由地学习，安全地开展各种活动。”高小斯越说越激动，“我觉得未来学校应该是一个‘梦工厂’，让每一个来这里学习的人都心怀梦想，并且有机会实现自己的梦想。”

“你的设想太棒了！我现在就想去这样的学校读书。”皓天对高小斯佩服得五体投地。小雪也非常欣赏高小斯的设计理念，她已经开始在脑子里构思用六边形组合成不同的图形了。

高小斯和小伙伴们设计未来学校的整体布局时，用到了比例尺的相关知识。比例尺就是图上距离与实际距离的比。比例尺也是一把“尺子”，只不过是一把无形的尺子。用这把尺子，我们可以很好地把现实事物按比例画在图上，也可以根据图上所画事物的数据计算出事物的实际尺寸。可以说，比例尺在设计中的作用是非常大的。

在讨论中，小雪介绍了三种形式的比例尺：数值比例尺、文字比例尺和线段比例尺，它们之间是可以相互转化的。

数字比例尺：用数字的比例式或分数式表示比例尺的大小，比如 1∶500 或 $\frac{1}{500}$。

文字比例尺：用文字直接写出图上 1 厘米的距离相当于多少实际距离，比如图上 1 厘米相当于实际距离 500 厘米，也就是 5 米。

线段比例尺：画一条线段，并注明图上 1 厘米的距离所表示的实际距离，如 0 5 米 。

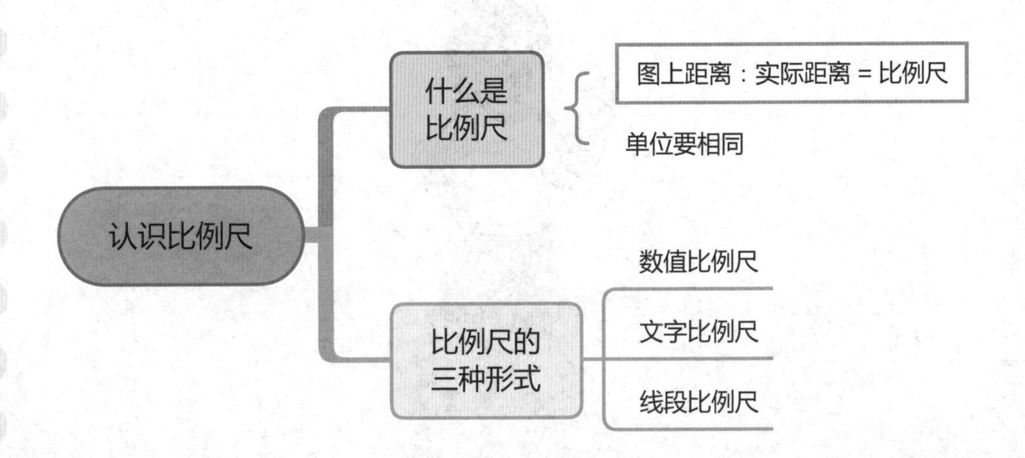

皓天的乐高积木中有一个很小的零件，长 5 毫米。如果他在纸上画出的这个零件的长度是 15 厘米，你能计算出皓天画的这幅图的比例尺是多少吗?

比例尺是一幅图的图上距离和实际距离的比。在用比例尺表示之前，要先统一两种距离的单位。

皓天画出的零件的图上长度是 15 厘米，实际长度是 5 毫米，所以我们首先要把单位进行统一。5 毫米也就是 0.5 厘米，所以这幅图的比例尺 = 图上距离：实际距离 = 15 : 0.5 = 30 : 1。

第六章 06

飞赴未来城

——一一列举

转眼几天过去了，小酷卡执行完任务回到了高小斯家，未来学校的设计方案征集活动也快到截止日期了。

关于未来学校采用哪种外观设计，高小斯他们三个人各执己见，没有达成共识。于是，他们各自画出了自己心中的未来学校的最终设计图。这天，他们三个人拉着小酷卡，让他看看哪张设计图更好，更有可能会被选中。

小酷卡接过设计图仔细看着：小雪设计的花朵形学校造型美观，功能多样；皓天设计的长方形学校简洁大方，便捷实用；高小斯设计的蜂巢形学校创意独特，开放自主。设计图各有千秋，各具特色，小酷卡一时拿不定主意。

“这个……你们设计得都很好，不如我拿回去让指导老师看看吧。”小酷卡把一个圆形的东西放在高小斯手上，“这是一个全息传输器，指导老师会通过它和你们联系的。”说完，小酷卡把三张未来学校设计图传送给了指导老师。

为了能在第一时间接收到指导老师的反馈信息，皓天和小雪都在高小斯家里住了下来。两天以后，全息传输器终于亮起了蓝色的信号灯，接着，一个半透明的全息人像被投射到了空中，同时传输器的喇叭里传出一个成熟稳重的声音："三位小朋友你们好，我是未来学校设计方案征集活动的指导老师。我看到了你们绘制的未来学校设计图，你们的设计各具特色，都很棒，我要为你们鼓掌。尤其是蜂巢形学校的创意，非常吸引我。不过，你们的这三张设计图也还存在不足，需要再优化。"

"那您决定采用谁的设计方案呢？"高小斯紧张地问。

"我觉得可以结合三张设计图的优点进行整合。你们愿意做这项工作吗？"指导老师问道。

"愿意，当然愿意！"三个人高声回答。

"好极了！"指导老师说，"那就请你们在蜂巢形学校的基础上，再做一些细节上的整合、调整，而且学校周围要加上安全防护围墙，我们要尽最大努力保证学生的安全。当然，如果你们有更好的想法，也可以加进去。你们修改好以后，可以通过这个全息传输器把设计图传给我。我在M星球等待着你们的优秀作品。"

“老师请等一下！”指导老师的话音刚落，高小斯想起了一件非常重要的事，“如果我们的设计图修改成功并最终被采用了，我们可以去参观未来城建设吗？”高小斯、小雪和皓天屏住呼吸，期待着一个肯定的答案。

“当然，按照规则是可以的。欢迎你们！”指导老师笑着说。

高小斯和小伙伴们心花怒放，设计未来学校的劲头更足了。但冷静下来以后，高小斯有点儿失落，因为他想设计一所开放式学校的想法落空了。不过，指导老师说得对，保证学生的安全是非常重要的。于是，他兴致勃勃地和伙伴们讨论起修改方案。

皓天看着三张设计图，想了想说：“可以设计一个长方形的围墙，让六边形的教室在长方形的范围内自由移动。”

“那必须要保证学校的面积足够大，不然教室很难实现自由移动。”小雪说出了自己的想法。

“普通围墙太死板了，既然六边形教室可以移动，不如设计一个可以调节大小的围墙。”

高小斯的话一出口，皓天和小雪的眼睛同时亮了起来：“好主意，就这么办！”

三个人商量之后，决定以钛钢激光发射装置为基础材料，拼建一个长方形的安全防护围墙。钛钢激光发射装置是一种细长棍状的激光发射器，它发射出的粒子光幕可以当学校的围墙，既能隔离外界，保证学生的安全，又能调整明暗度，保证学校的采光。

高小斯在电脑上一边查一边说：“用 40 根 20 米长的钛钢激光发射装置就够了，用它们围成一个**长方形**的话，有**很多种不同的围**

法。20×40=800（米），所以长方形的周长固定，是800米，那么它的一条长加一条宽的和就是400米。接下来只要**列举出所有的组合方法**就可以了。"

"就是把400分成两个数相加，而且每个数必须是20的倍数。比如宽20米、长380米。"机灵的小雪一听就明白了。

"还可以是宽40米、长360米。"皓天也听明白了。

"对，照这样**有序地列举**下去，就可以做到**不重复、不遗漏**地列举出所有的组合了。"高小斯点点头。

皓天随手画了两个长方形，说："每一种长方形的长和宽都不一样，面积也不一样。"

小雪眼珠一转，建议说："我们把能围成的长方形的几种情况都在

表格里列举出来看看吧。”

说干就干，高小斯、皓天和小雪开始**列举所有长方形的可能性组合**。可是才写到第五种的时候，他们发现符合条件的情况太多了，要把它们一一列举出来太麻烦了，几个人想找一种更简便的方法。

项目	长宽变化与面积变化					
防护墙的宽（米）	20	40	60	80	100	……
防护墙的长（米）	380	360	340	320	300	……
防护墙的面积（平方米）	7600	14400	20400	25600	30000	……

“我们可以从列举出来的这些数据中，找一找**长、宽和面积大小之间的规律**。”关键时刻还是得看聪明的高小斯，“你们看，在周长一定的情况下，随着宽不断变大，长不断变小，面积也发生了变化。”

“是啊，你们看，从第一种到第五种，虽然防护墙的周长没有变，但是长与宽的差距越来越小，而面积却越来越大。”小雪也发现了其中的规律。

“你说得很有道理。”皓天托着下巴说，“这个长方形宽 20 米、长 380 米时，防护墙围起来的区域的面积是最小的。那么，宽和长是多少的时候，防护墙围起来的区域的面积最大呢？”

“照这样列举下去，应该是当长和宽都是 200 米的时候，这个面积是最大的。”高小斯迅速得出了结论。

“那就是一个正方形啦。正方形的面积是 200×200=40000（平方米)，这个最大的面积就是 40000 平方米。”这一次，皓天立刻就反应过来了。

“真的是**正方形的时候面积**最大吗？我要验证一下！”小雪接着往下列举，又列举出了后面五种不同的长方形，结果证实围成边长是 200 米的正方形时，面积最大。

项目	长宽变化与面积变化				
防护墙的宽（米）	120	140	160	180	200
防护墙的长（米）	280	260	240	220	200
防护墙的面积（平方米）	33600	36400	38400	39600	40000

常用的几种列举方法

1.枚举法。通过尝试所有可能的情况，列举出问题的解。

2.排列组合法。利用排列组合的原理，列举出所有可能的情况。

3.分类法。将问题汇总的对象或情况进行分类，然后逐个列举每个分类下的可能情况。

4.递推法。从已知的情况出发，逐步推导出其他可能的情况。

5.图表法。将问题中的对象或情况用图表的形式表示出来，然后根据图表进行分析和列举。

看着数据，高小斯满意地点点头，说：“有了这些数据，我们就可以在基础材料不变的前提下，拥有一个可变化的学校围墙了。这个多变式激光防护围墙既能保护学生们的安全，又能根据需要调整面积大小，让学生们有足够的活动空间。这样的设计，指导老师一定会满意的。我们再结合三张设计图把其他地方的细节调整完善一下，就是一个完美的未来学校啦！”高小斯对他们这次的修改方案非常有信心，连说话的语气都变得轻快了许多。

这时皓天又提起了他的超级图书馆，他想在学校里建造一座图书馆。于是三个人又把超级图书馆的设计方案附在设计图后面。

大功告成了！他们通过全息传输器把修改后的设计图传输给指导老师。不出所料，指导老师对修改后的设计方案很满意。没过几天，指导老师通知他们的设计方案被采用了，还发出正式邀请函，邀请他们到 M 星球去参观。

当高小斯、皓天和小雪收到邀请函的时候，三个人兴奋得一个晚上都没睡着觉。但开心之余，他们有一些隐隐的担心：只有经过特殊训练的宇航员才可以乘坐宇宙飞船去太空进行科学研究，而他们三个只是普通的孩子，真的能去太空吗？

正在他们焦虑不安的时候，小酷卡来了。

“你们是在为乘坐宇宙飞船遨游太空而发愁吗？看，这是什么。”他掏出一个小小的盒子，打开盒盖，里面有六颗彩色胶囊。

“吃了这种药我们就能去太空了吗？”皓天看着胶囊好奇地问。

“这不是药，也不是让你们吃进肚子里去的。它是一种可以缓解压力、降低噪声、平衡身体的新型胶囊，只要放在耳朵里就可以啦。”小酷卡自豪地说，“这是航天基地的生物工程师专门为未来学校的学生设计的一款保护装备。你们可是第一批使用者哦！”听小酷卡这么一说，三个小伙伴不禁感叹科技的发达。

准备飞赴未来城的那天，高小斯、皓天和小雪早早地来到航天基地，他们心里既激动又紧张。在指导老师、生物工程师和小酷卡的带领下，三个小伙伴穿上宇航服，坐进了“未来号”宇宙飞船。

启动，升空，“未来号”成功飞天。

宇宙飞船里的高小斯、皓天和小雪先是感受到了巨大的压力，心跳急剧加快，然后是振动、失重……

放在耳朵里的新型胶囊还是很有用的，在漫长的升空过程中，高小斯他们并没有受太多罪。不知道过了多久，他们看到舷窗外的黑暗里突然出现了亮光。

高小斯和小伙伴们齐心协力，完成了未来学校设计图的修改工作。在给学校设计安全防护墙的过程中，他们了解了如何用列举法解决实际问题。

一一列举是解决问题的一种策略。在列举时，要注意按一定的顺序，做到不重复、不遗漏，然后按要求对列举出的结果进行分析和筛选，从中找出符合条件的结果，并发现结果中包含的规律。

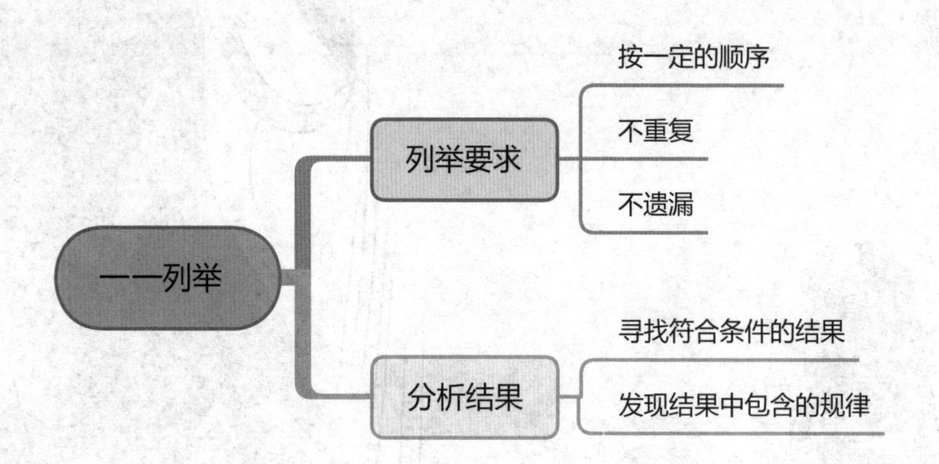

小雪希望在未来学校的教室里开辟一个小小的植物角，这样既能美化教室，也能研究植物在太空中的生长情况。但是皓天不同意，他觉得这样的设计不符合未来学校高科技的特点，而且会浪费空间。在大家集体商议后，高小斯在每个教室的后面，用 40 块边长 2 分米的正方形培植土铺设了一块长方形种植区域，并且用彩色金属条将其围护起来。

那么现在该怎样规划呢？有多少种不同的方法？哪一种方法需要的彩色金属条最少呢？请你帮他们想一想吧。

用 40 块边长 2 分米的正方形铺一个长方形，那么这个长方形的面积是固定不变的，是 2×2×40=160（平方分米）。我们可以从宽 2 分米、长 80 分米开始思考，有序地列举所有的情况。

项目	长宽变化与周长变化			
植物角的宽 / 分米	2	4	8	10
植物角的长 / 分米	80	40	20	16
植物角的周长 / 分米	164	88	56	52

通过分析表格里的数据我们发现，长方形的面积一定时，长和宽越接近，周长就越小，用的彩色金属条也相应越少。也就是说当植物角的宽为 10 米，长为 16 米时，周长最短，只需要用 52 米的金属条即可。

第七章

07

超级图书馆

——统计图

“高小斯、小雪，你们快看。”皓天指了指飞船的舷窗外面，激动地问，“那个闪着亮光的地方是M星球吗？”

“那不是M星球，是地球。”小酷卡解释说，“现在我们离开地面大约有四百多千米了，那些亮光是地球上的灯光。”

“那还要多久才能到M星球呢？”皓天有点儿迫不及待了。

“别着急嘛，欣赏一下太空中的景色，很快就到了。”小雪被窗外的太空景色吸引着，一点儿也没有感受到时间的漫长。

不知又过了多长时间，一个星球的身影出现在飞船的舷窗外面，远远看去，它浑身散发着银色的光芒。

“哇，好漂亮的星球！”高小斯感叹道。

“那就是M星球。”小酷卡正说着，飞船突然转了个弯，调整好角度，直直地向着M星球加速飞去。

在距离M星球比较近的地方，飞船慢下来，有些颠簸。“准备下降和着陆了，请大家注意安全！”在小酷卡的提醒声中，飞船缓慢地下降。

“轰”的一声巨响之后，飞船稳稳地降落在地面上。舱门缓缓打开，呈现在大家眼前的是一片白色的土地，还有几栋蓝色的房子。未来城的工程师和设计师都驻扎在这里工作。高小斯和小伙伴们作为未来学校的助理设计师，下了飞船，就被带到了未来学校的所在地。

负责接待他们的机器人带他们参观未来学校的建设工地，大家看到皓天心心念念的超级图书馆也正在准备建造中。超级图书馆是专为青少年服务的图书馆，皓天在设计时付出了很大的心血。

回到住处，指导老师又给三位小设计师布置了新任务，让他们想一想对超级图书馆的图书采购有什么建议——指导老师希望图书馆里的大部分图书都符合学生的需求。

“《数学游戏》和《童话里的数学》是我最喜欢的书，我们应该多买一些这类书，让大家每天都可以学到很多数学知识。”高小斯首先表明自己的看法。

“我很喜欢《实验室的秘密》和《小伽利略》这些科学类图书，要多安排一些。”动手操作能力强、兴趣爱好广泛的皓天说道，“当然也可以适当购买一些历史类书籍，让同学们了解历史方面的知识。”

小雪在选择图书上的见解和他们不一样：“我觉得应该多买一些小说、散文等文学读物，我们的必读书目里大多是这类书。”

三个人讨论得如火如荼，说着说着，他们不约而同地望向了旁边一直没有说话的小酷卡。

“小酷卡，你觉得我们三个人谁说得对？”高小斯问道。

“我觉得你们说得都对，但是又都不对。”小酷卡认真地点点头又摇摇头。

“对就是对，错就是错，怎么还又对又不对？”皓天瞪了小酷卡一眼，“你可别捣乱。”

小酷卡耐心地解释道：“从你们自己的喜好来说，都对，谁不想图书馆中都是自己喜欢读的书呢？但是你们没有考虑到其他人的兴趣爱好和阅读需求，你们三个人并不能代表未来学校里的所有学生呀。”

“有道理，图书馆是服务未来学校里所有学生的，并不是只为我们三个人服务的，我们确实没能考虑到其他人的需求。”皓天率先反思。

“是的，我们只考虑到了我们自己。”小雪也赞同小酷卡的说法，

但她想到了一个实际问题，“可是，我们怎么能知道未来学校的学生都喜欢哪类书籍呢？”

“这确实是一个问题。”小酷卡说，“据我所知，到目前为止，已经有 1000 多名青少年申请到未来学校读书了，一个一个地问太费时间了。”

“我有办法了！”高小斯一拍巴掌，说道，“我们可以通过卫星通

信系统给将来要就读未来学校的 6 岁到 18 岁的学生每人发送一个问卷调查的链接，让他们填写问卷，这样我们就可以很方便地看出他们的喜好。"

"就这么办！"大家一拍即合，立刻行动起来。

很快，后台陆陆续续收到了问卷回复。截止到问卷系统关闭的那一刻，共有 1056 人完成了问卷调查。收到数据后，三位小设计师和小酷卡满心欢喜地点开了数据统计软件，但是瞬间他们就傻眼了：数据统计软件中只能看到一个长表格，里面包含用户名、性别、年龄和图书种类等数据，表格超级长，数据非常多，看得人眼睛都花了。

未来城“超新图书馆”同学们最喜欢的图书种类调查问卷

用户名	性别	年龄	图书种类
1	男	12	数学
2	男	15	数学
3	男	9	教育
4	男	6	科学
5	男	8	艺术
6	男	7	教育
7	女	11	经济
8	女	11	历史
9	女	9	数学
10	女	6	科学
11	女	11	科学
12	女	16	教育
13	男	9	艺术
14	男	9	科学
……			

“1056 条数据，难道我们要一个一个地去数，还是用画‘正’字的方式去统计？”皓天看着密密麻麻的表格，已经开始头皮发麻了。

“一个一个数当然不行，那样的话我们要干多久呀！而且万一中间数错了怎么办？”小雪不同意人工手动统计，转头问高小斯，“高小斯，你有什么好方法吗？”

高小斯想了一会儿，说：“有啦！我们可以用电脑程序帮助我们统计，就像这样……”说着，他拿出随身携带的平板电脑，打开一个软件，先对表格里的数据进行扫描，然后将数据按图书种类进行排序，之后用它的计数功能，不到 10 秒，喜欢各类图书的人数就被分别统计出来了。

未来学校“超级图书馆”同学们最喜欢的图书种类调查问卷汇总表

图书种类	人数（个）
政治、法律	57
经济	55
文化	26
科学	232
教育	155
体育	62
文学	147
艺术	60
数学	110
历史	86
地理	45
军事	21

“果然，你们看，还是喜欢科学类图书的人多！”看到未来学校的学生和自己的想法不谋而合，皓天开心极了。

“图书馆不能只买科学类的书，所有这些种类的书都应该有。但问题是买多少册合适呢？”小雪认为，每个人的阅读愿望都应该被满足。

“我们可以用**统计图**来将这些数据展示得更清晰一些。”高小斯提议。

“真是个好提议！那我们几个就分头行动，去处理和分析一下这些数据，30 分钟之后，我们再进行汇总。”小雪的话音刚落，皓天也表示赞成。

半小时后，三位小设计师和小酷卡纷纷拿出了自己的统计图。

“我先来，我先来！”皓天最先拿出自己的折线统计图，“你们看看我的这个统计图，怎么样？”

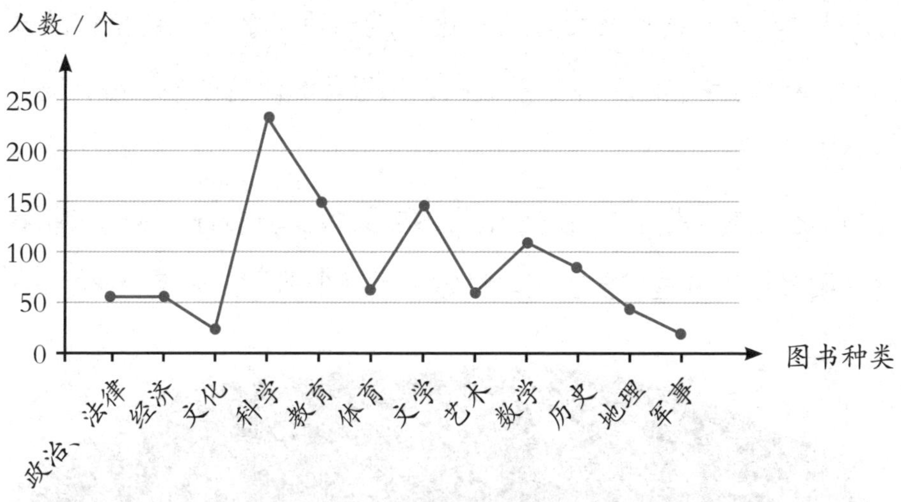

未来学校“超级图书馆”同学们最喜欢的图书种类（a）

“通过这张统计图确实可以看出，喜欢科学类、教育类和文学类图书的人多，喜欢文化类和军事类图书的人少。”小雪点点头，“不过画成**折线统计图**，这样一上一下的，也看不出数据之间有什么规律。因为我们只需要展示数量的多少，所以我没有用折线统计图，而是选择了**条形统计图**。”

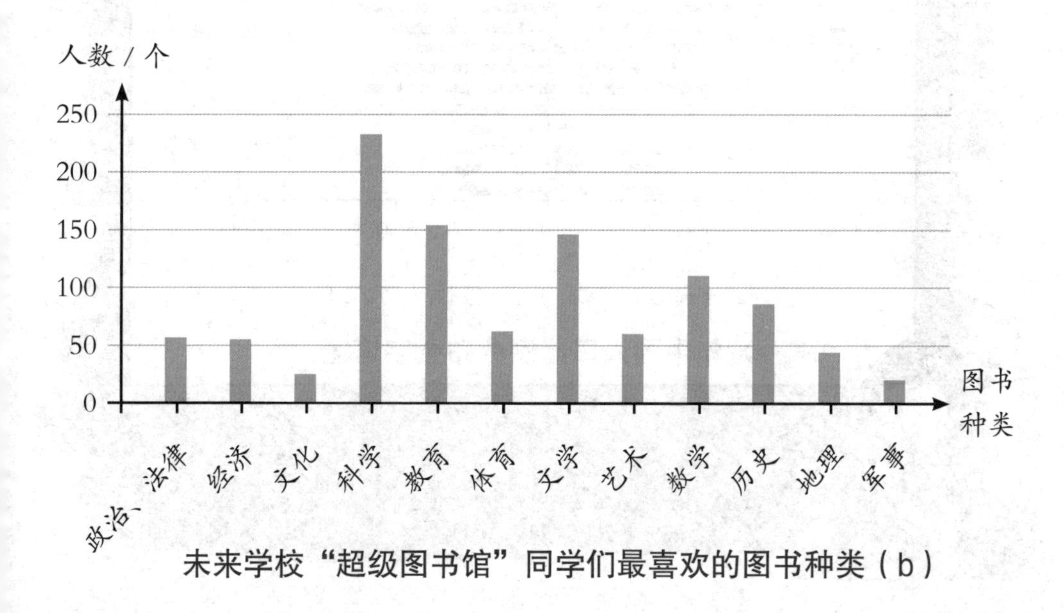

未来学校“超级图书馆”同学们最喜欢的图书种类（b）

“果然，条形统计图更适合，这样就一目了然了。还是你选择得好！”皓天看了看自己手中的折线图，又看了看小雪的条形统计图，由衷地赞叹道。

“但是这样也没办法知道我们具体要买多少册书呀。我们只能看出哪些书要多买，哪些书要少买。具体多买多少册、少买多少册呢？”小

人口金字塔

人口金字塔是一种塔状条形统计图，用来描绘人口年龄和性别的分布状况，能表明人口现状及其发展类型。它是按男女人口年龄的自然顺序自下而上在纵轴左右画成并列的横条柱，各条柱代表各个年龄组。底端标有按一定计算单位或百分比表示的人口数量。

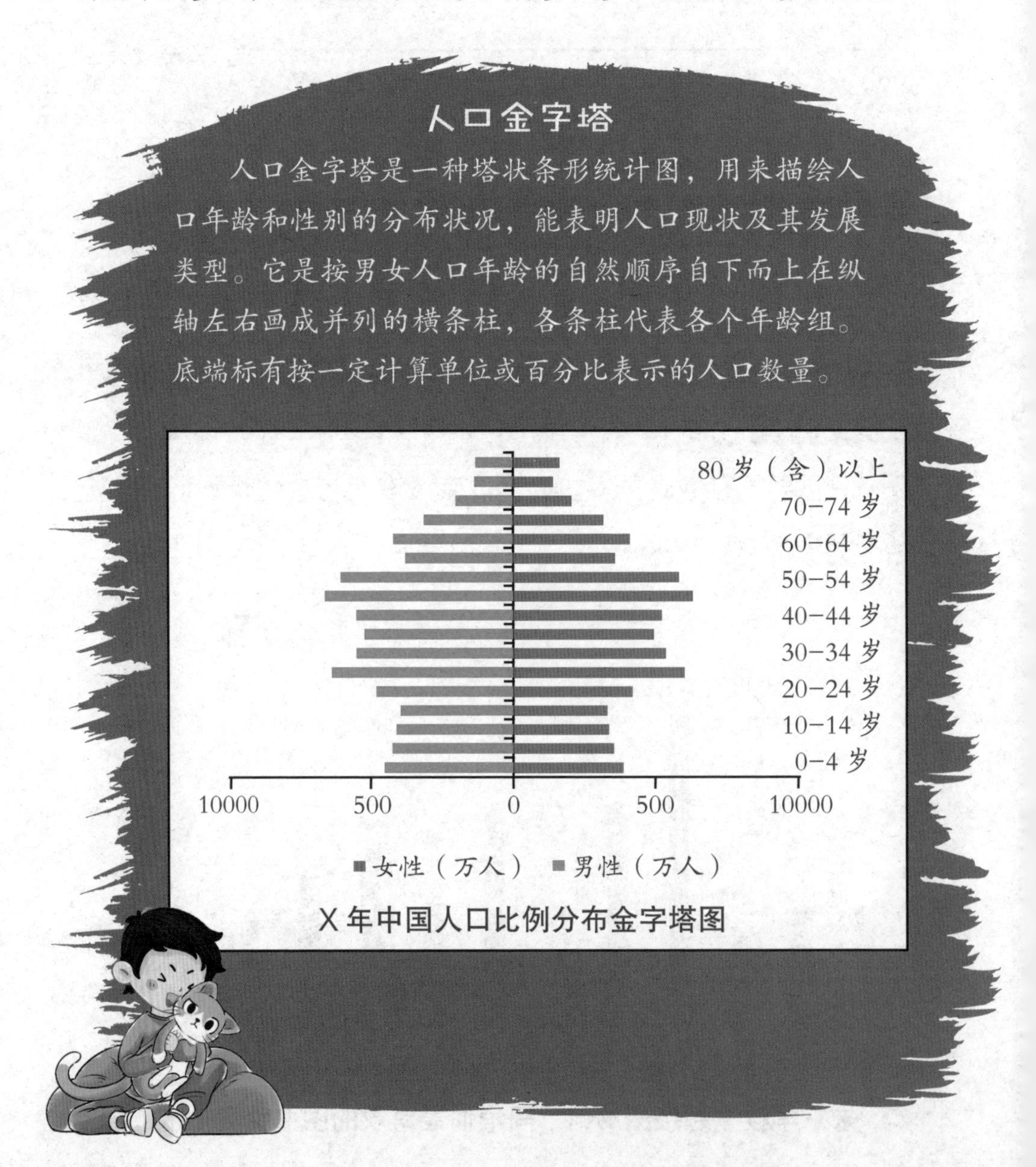

X 年中国人口比例分布金字塔图

酷卡认为折线统计图和条形统计图展示数据的效果还是差了一些。

“来看看我的统计图。”高小斯神秘一笑，拿出了自己手中的统计图说，“我用**扇形统计图**把每种图书的喜欢人数占总人数的**比例**表示出来，这样，只要确定了图书馆最终购买图书的总数，再乘各类百分比，就是每种图书要购买的数量，也就是‘**图书总本数 × 图书种类占比 = 该类图书的购买数量**’。不管图书馆最终决定买多少本书，都能按照这个比例进行分配。”

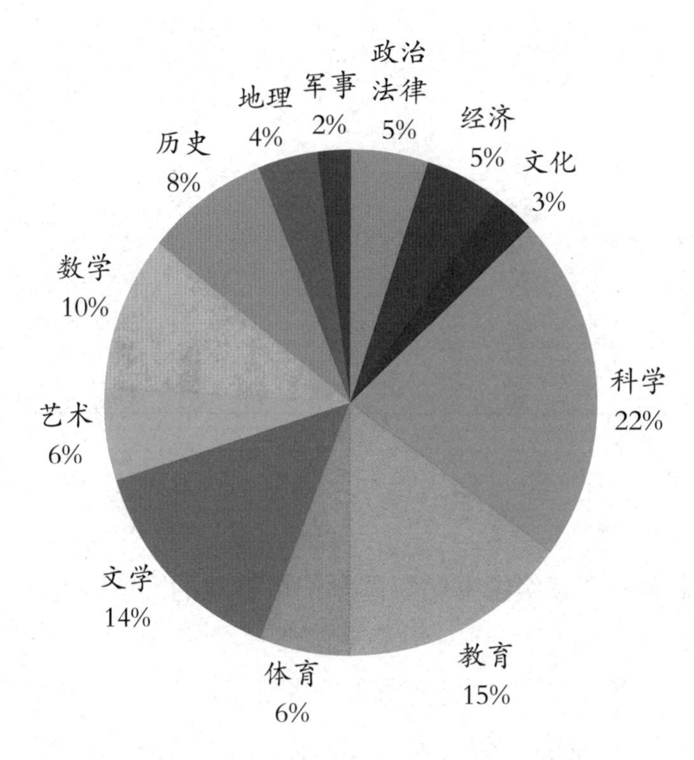

未来学校“超级图书馆”同学们最喜欢的图书种类（c）

“这幅统计图真是太棒啦！”大家都对高小斯的扇形统计图表示肯定。

“假设一座大型图书馆的藏书大约有 300 万册，那么大家最喜欢的科学类书籍就应该有 300×22% = 66（万册），大家看得最少的军事类图书只需要准备 300×2% = 6（万册）。这样计算起来实在是太方便啦！”皓天动作挺快，已经把假设情况的数量算出来了。

“不仅如此，通过分析数据法，我们还可以得到很多图书馆建设的好点子。比如小雪的条形统计图还可以做成**堆积条形图**，这样不仅可以看出哪种类别的图书最受欢迎，还可以发现文学类图书更受女同学喜欢，科学类图书更受男同学喜欢。”高小斯继续讲解道。

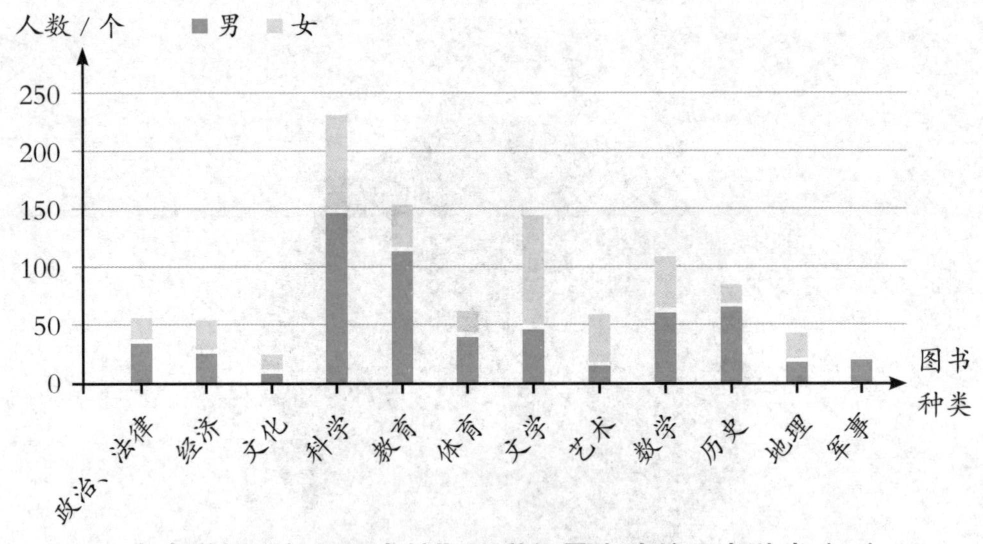

未来学校“超级图书馆”同学们最喜欢的图书种类（d）

“我有个好想法！”皓天突然举起手喊道，“我们还可以按照学段来进行分类展示。我将堆积条形图和扇形图进行合并，变成一个**百分比堆积条形图**。这样不仅可以看出各学段的人喜欢不同种类图书的占比，还可以看出同一种类的图书哪个学段的人占比大。比如军事类图书，初中生喜欢的人数较少，如果按照学段建设图书馆的话，初中生图书馆就要少放军事类图书。”

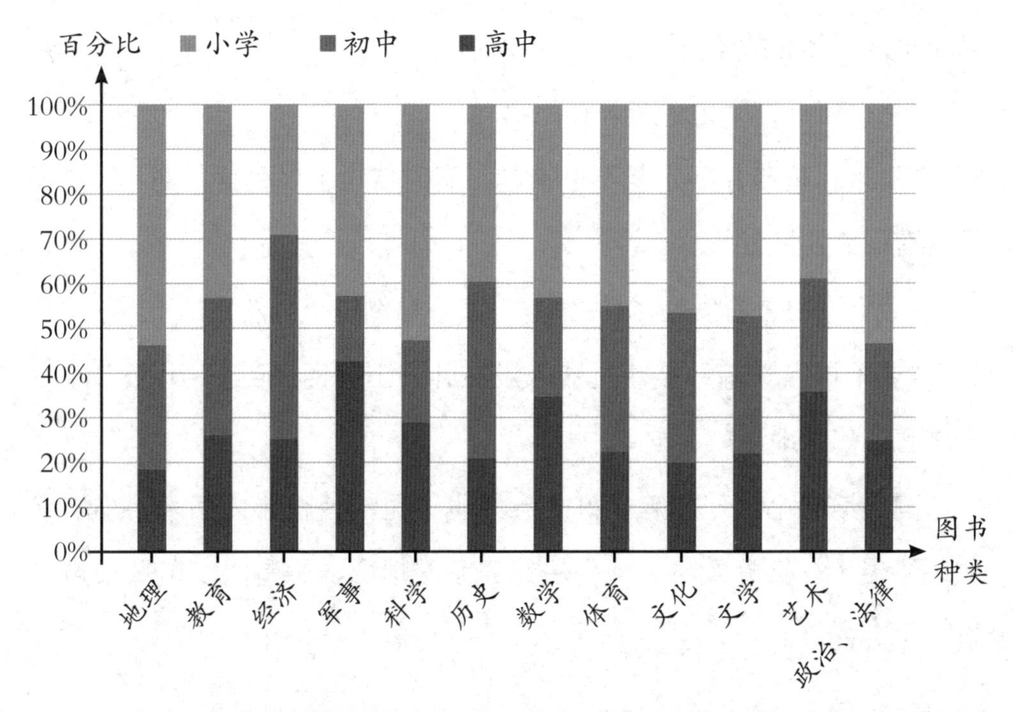

未来学校“超级图书馆”同学们最喜欢的图书种类（e）

听着一个又一个灵感从小设计师们的口中说出来，小酷卡不禁感叹道：“有这么多种统计图，这里面的学问可真大。原本**一堆堆数字变成了一幅幅清晰的统计图**，让我看得更清楚了。”

“幸好有电脑软件帮助我们处理数据，为我们节省了不少时间，否则 1056 人的数据，我们自己统计的话，真得花费不少时间呢！”皓天深切体会到电脑给工作带来的便利。

他们把这些数据整理好后，交给了指导老师。

第二天，他们四个人又来到未来城的其他建设地点参观。参观到一半，接待机器人临时接到命令要离开一会儿，让他们在原地暂时等待。

“嘀——嘀——嘀——”突然，不远处的机器发出阵阵警报声，好像是出现了什么故障。

“怎么回事？”小雪被吓了一跳。

“看来，机器并不是坚不可摧的，有时候也会‘生病’呀！”皓天显得有一点儿慌张。

“我们过去看看发生了什么事。”高小斯倒是十分淡定。

“要不再等一等？接待机器人没准儿马上就回来呢。”小酷卡左右张望着，犹豫地说。

高小斯和小伙伴们等了好一会儿也不见接待机器人回来，小酷卡的联络器也一直静默着。他们决定先看看情况，于是向发出警报声的机器走过去。

形象直观的图形往往比单一枯燥的文字更容易被理解和记忆，制作统计图就是对大量数据进行可视化处理的过程。统计图有助于理解和比较数据，分析数据之间的关系，数据分析结果简洁明了。

高小斯和小伙伴们在讨论图书馆的图书采购问题时，就是采用了制作统计图的方法，通过折线统计图、条形统计图、扇形统计图来整理和分析数据，从而得出所需的结论。

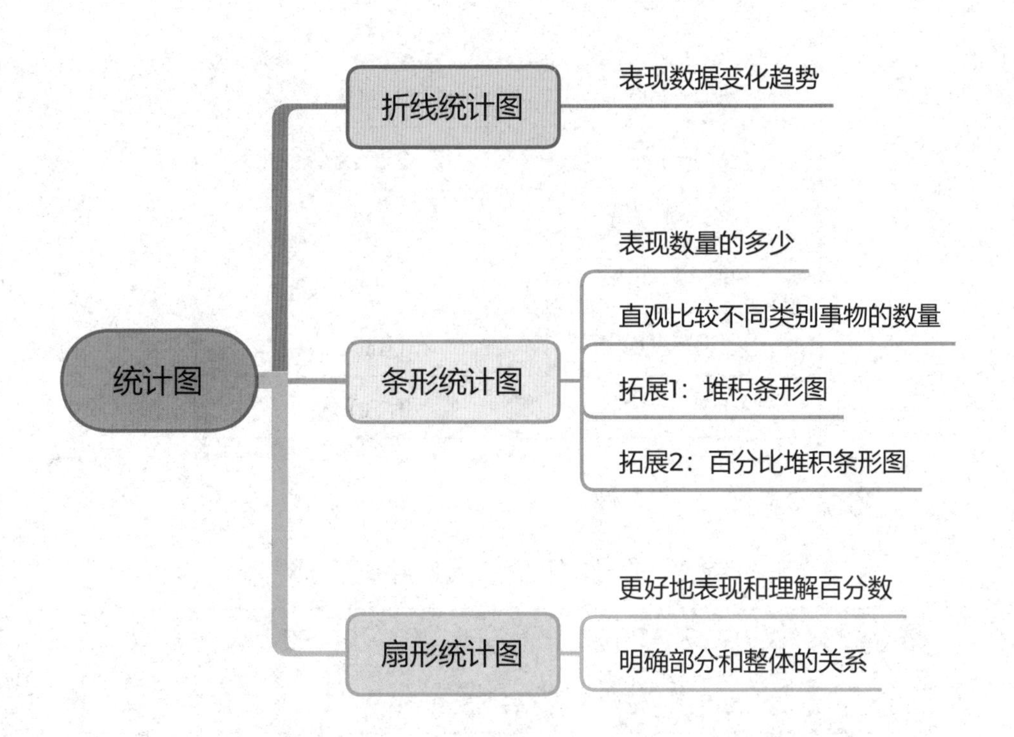

你了解各类统计图的用处和功能了吗？根据不同的内容和需求，选择恰当的统计图对数据进行表达格外重要。请你看一看下面的情境，如果是你，你会选择用哪种统计图来展示这些数据呢？为什么？

数据 1：

表 1　1950—2019 年全国每十年出生人口数变化情况统计表

时间（年）	出生人口数总计（万人）
1950-1959	20561
1960-1969	24501
1970-1979	22012
1980-1989	22238
1990-1999	21066
2000-2009	16330
2010-2019	16306

数据 2：

表 2　2021 年全国人口年龄占比

年龄（岁）	0-19	20-39	40-59	60-79	80（含）及以上
占比（%）	22.81	27.19	31.05	16.27	2.67

数据 1：如果想要直观地看出每十年人口出生数量的变化情况，折线统计图是再恰当不过的了。选取合适的横纵坐标，就可以画出正确的折线统计图啦！

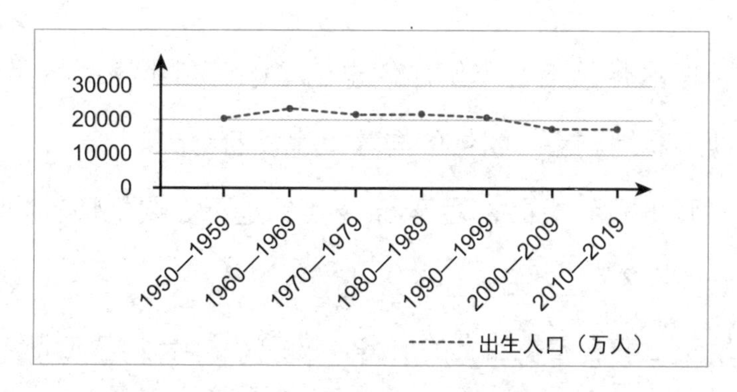

1950—2019 年全国每十年出生人口数

数据 2：表格中展示的是不同年龄段人口数量的占比情况，侧重于部分与整体的关系，所以可以选择扇形统计图。

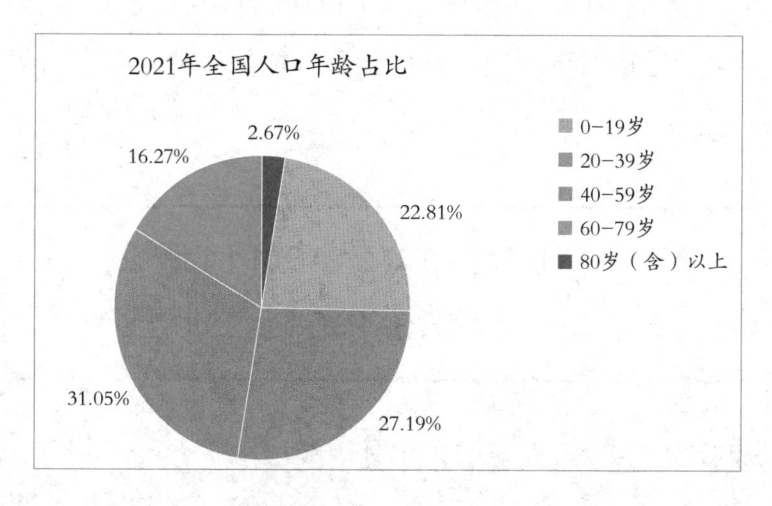

2021 年全国人口年龄占比

第八章

出故障的机器

——二进制

在高小斯的带领下，小伙伴们走到了响着警报声的机器前。警报声还在持续不断地响着，机器的屏幕上也发着红光。

小雪紧张地看着机器，轻声问："我们是不是要把情况向这里的工作人员报告一下？"

高小斯走上前看着机器上的屏幕，说："小酷卡，你试试联系一下工作人员。皓天、小雪，我们来看看机器上有没有什么提示。"小酷卡立刻调出通信系统，但不知道是不是受到故障机器的影响，信号一直接不通。

高小斯三人则在机器附近寻找提示。皓天看到屏幕附近有一个闪着光的按钮，旁边写着"故障自检"，他连忙喊来小伙伴们。在大家的注视下，皓天轻轻按下按钮，几秒钟后，警报声停止了，机器屏幕上出现了两行数字。

100/1111/1110/111
1100/1001

"这是什么意思？"小雪看不出其中的奥秘。

"怎么只有 1 和 0 呀？"皓天也觉得很奇怪。

高小斯盯着屏幕，眉头紧皱。过了一会儿，他缓缓说道："我猜这跟**二进制**有关。"看着大家求知的眼神，高小斯解释道，"二进制是一种**记数法，采用 0 和 1 两个数码来表示数**。因为二进制的运算规则相对简单，电子方式可以实现，而且只有 0 和 1，传输和处理时不容易出错，所以二进制被广泛应用于计算机科学中。我们的电脑都是采用二进制，二进制数 1 和 0 在逻辑上可以代表'真'与'假'、'是'与'否'和'有'与'无'，电脑以此为逻辑进行运算。"

"那这样的两行数字，到底是在告诉我们什么呢？"皓天还是不太明白。

"对了！"小雪突然想到了什么，"我刚才在机器旁边的墙上看见一张纸，上面写了好多字母和数字，不知道和这个有没有关系。"

大家跟着小雪走过去，看到了墙上贴着的纸。

a=1 b=2 c=3 d=4 e=5 f=6 g=7

h=8 i=9 j=10 k=11 l=12 m=13 n=14

o=15 p=16 q=17 r=18 s=19 t=20

u=21 v=22 w=23 x=24 y=25 z=26

"或许机器屏幕上的数字是一串密码，这张纸是用来解密的。"皓天提醒大家。

"有这个可能。"高小斯点点头，"小酷卡那边还没联系上工作人员，我们先试着破解密码吧。我们要不要先把纸上的字母对应的数字转换成二进制数试试？”

“可是二进制我还没弄明白呢，怎么转换呀……”皓天急忙小声说道。

高小斯笑了笑，说：“别气馁，十进制我们都很熟悉，二进制其实也没那么难。十进制的进率是10，所以

十进制的数字，比如 3561，可以这样表示，3561 = 3×1000 +5×100 +6×10+1×1。”他边说边在平板电脑上做了一个表格，“你看，十进制数的计数单位之间都是乘 10 的。根据这个规律，你可以试着琢磨一下二进制数有什么规律。”

数位	万位	千位	百位	十位	个位
计数单位	万（10000）	千（1000）	百（100）	十（10）	个（1）
组成	0	3	5	6	1

“十进制是乘 10 的话，二进制应该是**乘 2** 吧。这样二进制数的每个数位从右到左对应的就应该是 1，2，4，8，16，……”皓天没有底气，说话的声音特别小。

但高小斯听得非常清楚。“完全正确，就是这样的！你的小脑瓜转得还挺快的嘛。”高小斯的话让皓天信心倍增。

很快，高小斯又列出了一个表格，然后说：“想转换纸上 1 至 26 这些数，我们可以列出这样一个表格，左列是十进制数、上行是二进制的计数单位。然后我们把每个十进制数按**从右到左**的位数顺序凑出来。**是 = 1**，**否 = 0**。通过表格我们可以发现，机器屏幕中的第一个数二进制的 100 就是十进制的 4，而 4 对应的就是纸上的字母 d。”

十进制	二进制				
	16	8	4	2	1
1	否	否	否	否	是
2	否	否	否	是	否
3	否	否	否	是	是
4	否	否	是	否	否
5	否	否	是	否	是
6	否	否	是	是	否
……					

又往后写了两个数，皓天有点儿没耐心了，说:“这得写到什么时候啊，有没有什么更好的方法呢？”

“当然有。”小雪想到了一个好方法，“你们看，机器屏幕中的第二个数字是1111，我们可以**根据二进制数的计数单位来计算**:$1\times8+1\times4+1\times2+1\times1=15$，所以二进制的1111就是十进制的15，而15对应的就是纸上的字母o。”

“真是一个好方法！”高小斯为小雪鼓起掌来，“按照小雪的方法，我们就不用把纸上的26个数都转换完，只需要转换机器屏幕上的数字就好啦。”说着他开始列另一种表格。

二进制				十进制	字母
8	4	2	1		
	1	0	0	4	d
1	1	1	1	15	o
1	1	1	0	14	n
	1	1	1	7	g
1	1	0	0	12	l
1	0	0	1	9	i

“d-o-n-g，l-i，我拼出来啦，是机器的动力部分出现了故障！”皓天激动地跳了起来。

这时，小酷卡终于联系上了工作人员，工作人员说马上派人过去维修。听到这个消息，大家都松了一口气。

工作人员很快就赶来了，没用多久就把机器修好了。大家开心地准备回住处休息，皓天有点儿意犹未尽，兴奋地说：“这么快就解决问题啦？我还没有破译够呢。”听了皓天的话，大家都笑起来。看来，经过这一次的事件，皓天对数学的学习兴趣又高涨了呀。

高小斯和小伙伴们用几天时间参观了建设中的未来城后，就回到了地球。回去后，他们一直持续关注着未来城的建设情况，积极为设计师们献计献策，其中有好几条建议都被采纳了呢。而高小斯则一直在心里期盼着能再游一次未来城！

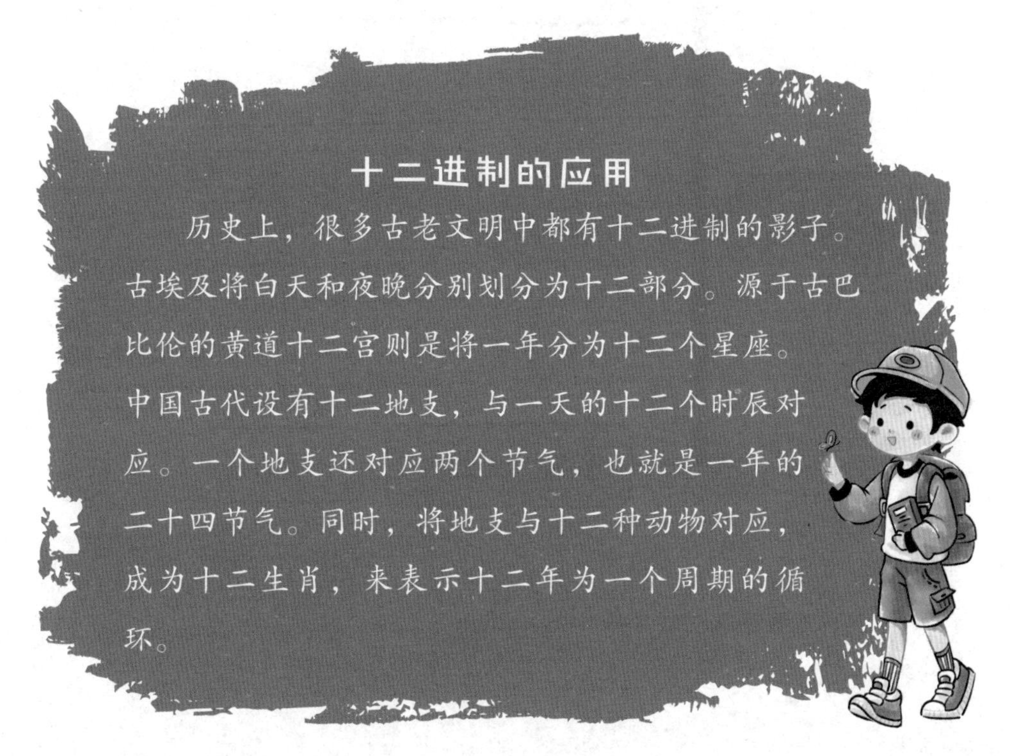

十二进制的应用

历史上，很多古老文明中都有十二进制的影子。古埃及将白天和夜晚分别划分为十二部分。源于古巴比伦的黄道十二宫则是将一年分为十二个星座。中国古代设有十二地支，与一天的十二个时辰对应。一个地支还对应两个节气，也就是一年的二十四节气。同时，将地支与十二种动物对应，成为十二生肖，来表示十二年为一个周期的循环。

数学小博士

高小斯和小伙伴们在检查故障机器的时候，遇到了与二进制有关的密码。二进制是一种记数法，采用 0 和 1 两个数码来表示数。因为二进制的运算规则相对简单，电子技术上可以实现，而且只有 0 和 1，传输和处理时不容易出错，所以二进制广泛应用于计算机科学中。二进制与十进制之间是可以互相转换的。高小斯他们通过列表的方法，将二进制数转换成十进制数，从而破解了密码。

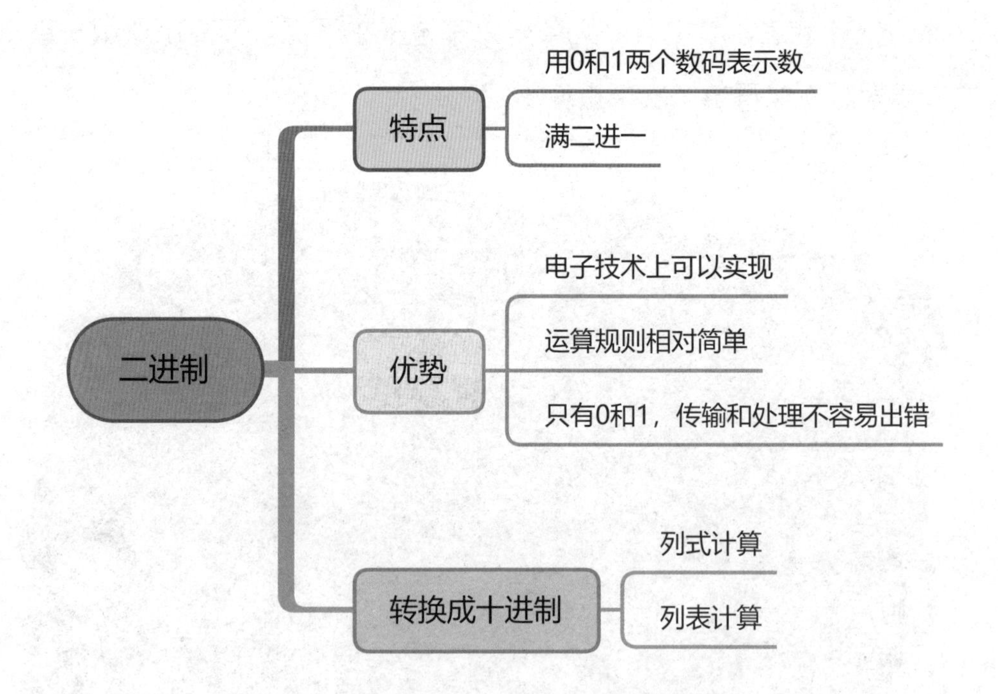

智慧加油站

五进制是一种以 5 为基数的进位制，即“满五进一”。在五进制中，有五个基本数码，分别是 0，1，2，3，4。在故事中，我们跟着高小斯和小伙伴们一起熟悉了二进制，那么五进制对你来说也应该不算难吧？

请你想一想，如果用五进制计数的话，下面这串手串一共有多少颗珠子呢？

温馨小提示

方法一：直接数，满五进一。1，2，3，4，10，11，12，13，14，20，21，22，23，24，30，31。

方法二：首先，用十进制数一数这串手串上一共有多少颗珠子。看图可知，一共是 16 颗珠子。然后，列表分析计数单位。

五进制				十进制
125	25	5	1	
		3	1	16

方法三：因为五进制是“满五进一”，所以我们可以先看看16 里面包含多少个 5，根据算式 16÷5=3……1 可知，16 里面包含 3 个 5，也就是向前一个数位进了 3，所以按照五进制计数法，这里一共有 31 颗珠子。

第九章

09

设计飞行器

——立体图形的体积

时间一天天过去，悠长的假期终于来临。因为对未来城建设做出贡献，高小斯他们受到指导老师的热情邀请，再一次踏上了 M 星球的土地。

未来城的建设速度真快呀！随着基础设施的完善，城里已经入驻了不少居民，路上的车辆也越来越多，市中心的交通渐渐出现拥堵现象。这天，高小斯、皓天、小雪和小酷卡本来约好早上 9:00 在超级图书馆见面，但是眼看着过了 9:30，皓天还没有到。

“小酷卡，看看皓天现在到哪里了呀！”高小斯示意小酷卡打开“城市天眼”软件。

“我来看看……”小酷卡在“城市天眼”软件里搜索着，“找到了，皓天乘坐的公交车在距离超级图书馆 3 千米左右的地方。现在是高峰时段，这里的道路太拥堵了。”

在交通警察的疏导下，过了好久，道路才畅通了一些，皓天坐的公交车终于到站了。

“原本以为只有地球上才会堵车呢，没想到这里也堵车。”皓天无奈地说，“要是有一种新型交通工具，可以不堵车，那该多好呀！”

“是呀。”小雪点点头说，“如果能对汽车进行改造，让汽车在堵车

MATH

时变成飞行器，岂不是一件很酷的事情？”

说着，三位小设计师突然来了兴致。他们拉着小酷卡快步走进超级图书馆，来到多媒体互动阅览室，带上 VR 眼镜，开始在虚拟世界中进行设计。

皓天最先完成设计，他骄傲地向其他人介绍自己的飞行器，说：“只要在原本的汽车上方安装一个巨大的热气球，汽车就能飞起来了。”

小酷卡提出了自己的疑惑：“你这个热气球要怎么操控呢？总不能一直上升吧。”

“让我想想……也许可以在汽车的天窗部位同时安装热力系统和动力系统……”皓天意识到自己的设计方案存在很大漏洞，越说越心虚。

“我也设计好了！”这时小雪也完成了自己的设计，她介绍道，“我将汽车和飞机进行了融合，不堵车的时候机翼收起来，和普通汽车没有区别，也不占空间。如果遇到堵车，汽车就改为飞行模式，下方有动力让汽车升空，然后展开机翼，就和飞机一样啦！”小雪觉得自己的设计完美融合了汽车和飞机的优势，能陆空两用，简直太棒了！

“可是汽车形状的飞行器在空中行驶时会遇到很大的空气阻力，不太容易实现。”高小斯说着，拿出了自己的设计方案，“这是我设计的飞行器，它的整体是流线型的，没有一个完整的挡风面，能够把空气阻力降到最低。不仅如此，这种形状的飞行器，其内部空间还能够得到最大化的利用，而且驾驶舱视野很开阔。”

皓天和小雪都发自内心地觉得高小斯的设计方案确实比自己的更好，但他们也没有灰心，而是根据高小斯的设计理念，又设计出了另外两款不同形状的飞行器。最终，他们一共设计出了三款飞行器。

三款飞行器看上去各有特色，一时也说不出哪一款的设计更好。几位小伙伴把在图书馆里闲逛的小酷卡拉过来，询问他的意见。

“我喜欢驾驶舱更宽阔的飞行器，这样我就可以和朋友们一起乘坐了。”小酷卡提出了自己对飞行器的要求。

“好，我们来帮小酷卡挑选一款吧。”皓天笑着说，“其实比比驾驶舱的体积大小就行了。”不过，他发现三款飞行器的驾驶舱都是不规则的几何体，没办法直接比较。

小雪又看了看设计图，对皓天说："我们可以把这几个飞行器驾驶舱的形状近似看作我们熟悉的几何体。第一款飞行器的驾驶舱可以近似看作一个**半球体**，第二款近似看作一个**球体**，第三款近似看作一个**圆柱体**。假设驾驶舱的半径一致，这样就能计算和比较出它们的体积的大小了。"

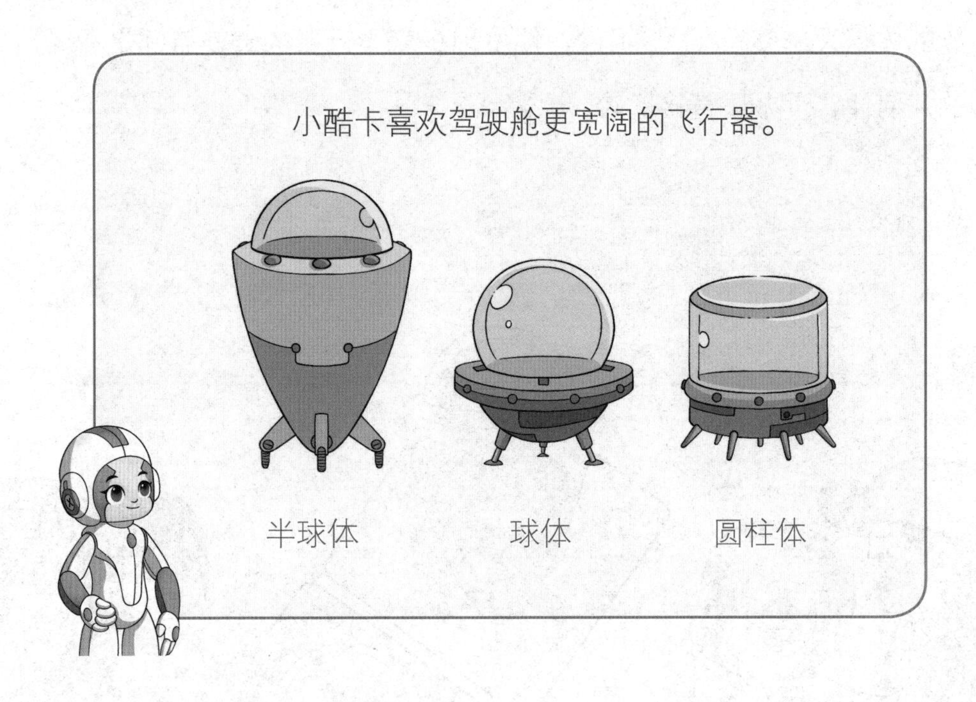

"在驾驶舱的**半径一样**的情况下，当然是球体比半球体的体积更大啦。"皓天的小脑瓜转得还真不慢。

"那只需要比一下第二款和第三款，看看哪种的内部空间更开阔。"高小斯思考着，"假设球体驾驶舱的半径是 1.6 米。根据**球体的体积**公式，一个半径是 1.6 米的球体，体积为……"他边说边在电子书写屏上写下算式。

$$V_{球} = \frac{4}{3}\pi r^3$$
$$= \frac{4}{3} \times 3.14 \times 1.6^3$$
$$\approx 17.15\text{（立方米）}$$

“我设计的是圆柱体驾驶舱。要想知道**圆柱体的体积**，只知道底面半径是不够的，还要知道圆柱体的高度。”皓天记起了圆柱体的体积公式，“同样，假设圆柱体的底面半径是 1.6 米，按照图上的比例，圆柱体的高大约就是 1.4 米。”说着，他也在电子书写屏上写起来。

$$V_{圆柱} = \pi r^2 h$$
$$= 3.14 \times 1.6^2 \times 1.4$$
$$\approx 11.25\text{（立方米）}$$

“很明显，如果想要一个驾驶舱空间大一点儿的飞行器，选择第二款球体驾驶舱准没错。”小雪看着两个算式结果，得出结论。

大家给小酷卡找到了适合他的飞行器，正高兴着，皓天提出了不同需求：“我想要一个能装很多燃料的飞行器，这样就不用经常去补充燃料了。应该选哪个？”

“这也不难，让我们再来比较一下。”高小斯参考刚刚小雪的方法，把飞行器下部的燃料仓也近似看成熟悉的几何体，“第一款飞行器的燃料仓可以看作是一个**圆锥体**，第二款是一个**半球体**，第三款是一个**圆柱体**。”

“我们需要再了解相应的数据，来计算燃料仓的体积。”小雪说，“我们每个人负责算自己设计的飞行器吧，这样可以快一点儿。”

小雪最先完成计算，说：“我设计的第二款飞行器的燃料仓是一个半球体，依然假设它的半径是 1.6 米。**半球体的体积**等于球体体积的一半，根据刚刚计算出的球体体积，可以得出半球体的体积大约是 8.58 立方米。”

高小斯设计的第一款飞行器的燃料仓是一个倒放的圆锥体，也假设它的底面半径是 1.6 米，按图上的比例算出高是 3.2 米。根据**圆锥的体积**公式，他算出了这个圆锥体的体积。

$$V_{圆锥}=\frac{1}{3}\pi r^2h$$

$$=\frac{1}{3}\times3.14\times1.6^2\times3.2$$

$$\approx8.57（立方米）$$

“虽然第一款飞行器和第二款飞行器燃料仓的形状不同，但是他们的体积竟然几乎是一样的。”小酷卡发现了一件神奇的事情。

“现在就看皓天设计的飞行器了。”高小斯把目光聚焦到皓天那边，因为这决定了到底谁的飞行器能装更多的燃料。

“我这款飞行器燃料仓是一个圆柱体，也假设它的底面半径是 1.6 米，只不过它的高只有 0.4 米，这样的话**圆柱体的体积**就是……”皓天一边说一边在电子书写屏上奋笔疾书。

$$\begin{aligned} V_{\text{圆柱}} &= \pi r^2 h \\ &= 3.14 \times 1.6^2 \times 0.4 \\ &\approx 3.22\text{（立方米）} \end{aligned}$$

看来，皓天设计的飞行器的燃料仓需要调整一下高度，调整到 1 米多就可以和其他两款飞行器燃料仓的容量差不多了。

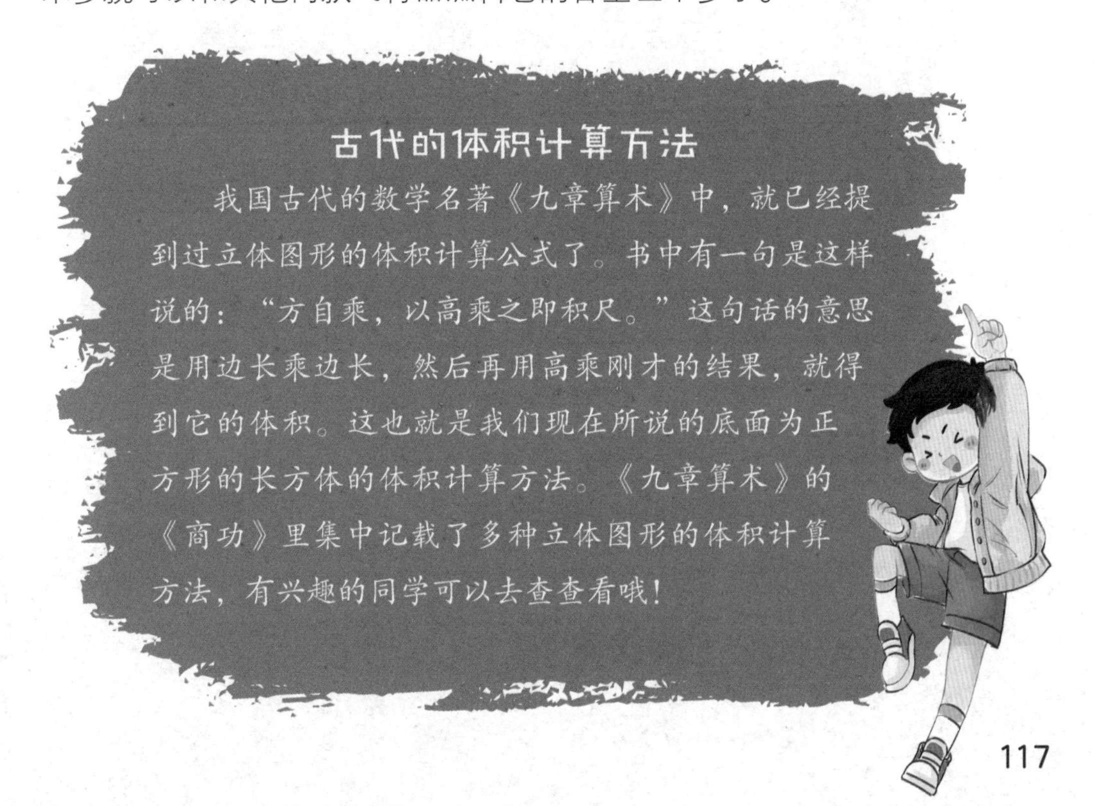

古代的体积计算方法

我国古代的数学名著《九章算术》中，就已经提到过立体图形的体积计算公式了。书中有一句是这样说的：“方自乘，以高乘之即积尺。”这句话的意思是用边长乘边长，然后再用高乘刚才的结果，就得到它的体积。这也就是我们现在所说的底面为正方形的长方体的体积计算方法。《九章算术》的《商功》里集中记载了多种立体图形的体积计算方法，有兴趣的同学可以去查查看哦！

“其实还有一个问题。”小雪突然想到了什么，“驾驶舱的玻璃罩是用特殊材料制成的，价格非常昂贵。如果使用太多玻璃罩，飞船的制造成本也会跟着增加。”

“我知道了。”皓天立刻明白了小雪这句话背后的意思，“小雪是想要一款便宜一点儿的飞行器。”

“假设飞行器的玻璃罩是成本的大头儿，”高小斯把问题稍微简化了一下，“我们现在就需要知道每款飞行器上玻璃罩的情况了。那就应该算一下驾驶舱的……”

“**表面积**！”皓天瞬间接住了高小斯的话，“同样地，因为第一款飞行器驾驶舱可以看作是一个**半球体**，第二款是一个**球体**，所以第一款飞行器的成本一定比第二款飞行器少一些，这样就只需要比较第一款半球体的和第三款**圆柱体**的哪个使用的玻璃罩少就好了。”

$$S_{半球}=\frac{1}{2}\times4\pi r^2$$
$$=\frac{1}{2}\times4\times3.14\times1.6^2$$
$$\approx16.08（平方米）$$

$$S_{圆柱底面积}+S_{圆柱侧面积}=\pi r^2+2\pi rh$$
$$=3.14\times1.6^2+2\times3.14\times1.6\times1.4$$
$$\approx22.11（平方米）$$

“第一款飞行器不但储存的燃料多，而且它的制作成本是最低的。”高小斯说起自己设计的这款飞行器，还是很骄傲的。

小酷卡看着大家手边的一堆算式说：“我来制作一个表格吧，把你们刚刚计算出的一些数据填写在表格里，这样对比起来就一目了然了。”

款式	飞行器相关数据		
	驾驶舱体积（立方米）	燃料储存器体积（立方米）	玻璃罩制作成本（平方米）
第一款	8.58（小）	8.58（大）	16.08（低）
第二款	17.15（大）	8.57（中）	32.15（高）
第三款	11.25（中）	3.22（小）	22.11（中）

“不同的人对于飞行器的需求不同，如果真能实现用飞行器作为未来城的新型交通工具，那这三款飞行器应该都可以投入生产。届时，人们可以根据自己的实际情况来选择不同的飞行器。”高小斯吸取了图书馆选书的经验，懂得了站在其他人的角度去思考问题。

“可是随着居民越来越多，未来城面临的不仅仅是堵车这一个问题。”皓天想到了以后。

“是的，比如环境污染和水资源问题。”小雪最担心的是未来城的环境。

“看来未来城的生态环境也是影响长久发展的一个大问题。”高小斯语重心长地说，“不过，我相信虽然生活中的困难不少，但数学必定能在其中发挥很大作用，帮助我们战胜这些困难。今天咱们做的设计不就是很好的例子吗？我们要对自己、对建设未来城的工作人员充满信心！”

数学小博士

名师视频课

高小斯和小伙伴们在设计飞行器的时候，用到了一些立体图形的体积和表面积公式。在小学阶段，我们认识了以下几种立体图形，让我们一起来看看吧。

图形	图例	表面积	体积
长方体	a b c	$S=2(ab+bc+ac)$	$V=abc$
正方体	a	$S=6a^2$	$V=a^3$
球体	r	$S=4\pi r^2$	$V=\frac{4}{3}\pi r^3$
圆柱体	r h	$S=2\pi r^2+2\pi rh$	$V=Sh=\pi r^2h$ (S 为圆柱底面积)
圆锥体	h r		$V=\frac{1}{3}Sh=\frac{1}{3}\pi r^2h$ (S 为圆锥底面积)

将石块放入棱长是8厘米的一个正方体玻璃容器，向容器中倒入水，将石块完全淹没，测得水深6厘米，然后将石块从水中取出，测得水深3厘米。你能算出这个石块的体积是多少吗？

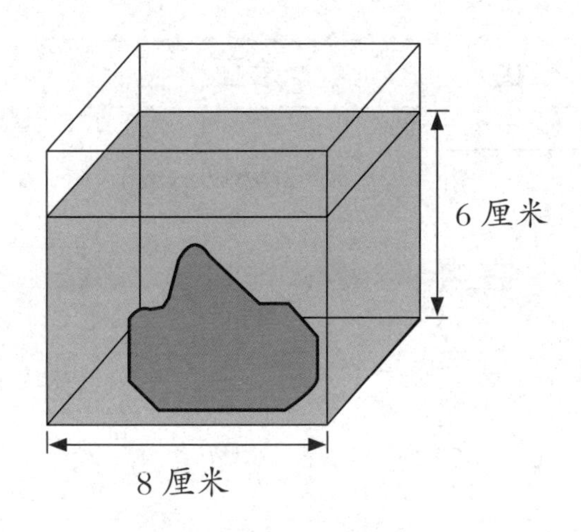

这个石块不是我们认识的任何一个规则立体图形，那该怎样求体积呢？

其实，古代聪明的少年曹冲早就告诉过我们一个好方法：排水法。利用排水法我们能够精准地测量出不规则物体的体积。图中这个石块的体积，其实就是取出后容器中的水下降部分的体积。

因此这个石块的体积可以这样计算得到：

$$V_{石块}=V_{加入石块水的体积}-V_{去掉石块水的体积}$$

$$=S_{底}\times h_{加入石块}-S_{底}\times h_{去掉石块}$$

$$=S_{底}\times（h_{加入石块}-h_{去掉石块}）$$

$$=8\times8\times（6-3）$$

=192（立方厘米）

第十章

美好的未来

——综合与实践

从超级图书馆回到住处，大家都感觉有点儿累，准备休息一下。

“皓天，你又不随手关水龙头！”随着一声大喊，小雪气呼呼地从洗手间里走出来。

“我也不是故意的，刚才高小斯突然喊我，我就跑出来了。关上就好了嘛，干吗生这么大的气……”皓天有点儿心虚，声音越来越小。

“我生气是因为你已经有好几次忘记关水龙头了。”小雪瞪了他一眼，“你知道你这种行为会浪费多少水吗？”

“这里又不缺水，而且不才几次嘛，也没那么夸张……”皓天小声说着。

高小斯和小酷卡听到两人争执的声音，赶忙跑过来。了解了事情的原委，高小斯说道：“我想应该不止皓天有这样的想法，未来城的居民中肯定有不少人也是这样想的。看来，我们需要利用一些真实的数据，来让全体居民认识到节约用水的重要性和必要性。”

“是的。”小雪点了点头，“我们需要开展**资料查找、实地走访、方案设计**等活动，用数据说话，让大家加强对水资源的使用与保护等问题的关注。”

高小斯和小伙伴们商议之后，决定分四步开展这个项目。

第一步	第二步	第三步	第四步
了解淡水资源分布、储备情况	整理信息，提出需要调查研究的问题	进行实际的调查与研究，得出结论	制订节水方案

了解淡水资源分布、储备情况，这可难不倒小酷卡。他启动官方资源搜索软件，很快就拿到了最准确的数据。“我们比较容易利用的淡水资源，主要是河流水、淡水湖泊水和浅层地下水，所以未来城可使用的淡水资源储量只占整个星球的水体总量的2.53%，其中固体冰川约占淡水总储量的68.69%。固体冰川主要分布在两极地区，以当前人类的技术水平还很难利用这类资源。液体形式的淡水水体，绝大部分是深层地下水，可开采利用量也很小。

“所以，虽然M星球上的海洋资源相当丰富，但实际上能被我们利用的淡水资源却很少。”数据触目惊心，这和大家想象中的完全不同。

“啊，我真的错了！”皓天突然理解小雪为什么总是提醒他要节约用水了，水资源只是看起来很丰富，实际上能被人们利用的淡水资源太少了，“我们还真得从自己做起，节约用水，也要向未来城的居民重点宣传一下。”皓天意识到自己的错误，打算做点儿什么来弥补。

“针对水资源的现状，大家都来想一想，有哪些**需要我们调查研究的问题**吧。”高小斯提议说。

“我想到一个。”皓天激动地说，“我们可以调查一下未来城及周边地域淡水、咸水的分布范围。”

“我们也可以去调查未来城不同地区地下水的存储量、补给情况、径流量和排泄条件等。”小雪想了想，说道。

“这些调查虽然都和水资源有关，但是调查结果与未来城居民的实际生活相差比较远，并不能增强未来城居民的节水意识。”小酷卡提出了自己的意见。

“或许我们研究的问题可以聚焦在‘生活中人们的用水习惯及用水

量’的调查上。”高小斯想了一会儿，很快就**确定了调查主题**，“这样我们就可以掌握与居民生活最贴近的用水情况及数据。”

“我赞同，这个主题非常好！”皓天为高小斯竖起了大拇指。

看到皓天的改变，小雪的气也消了，主动对皓天说：“这回可以发挥你的动手能力了，**做一做实验**。”

“没问题！”一听说可以做实验，皓天特别开心，“我和小酷卡负责实验，高小斯和小雪负责设计调查方案。”

“我们这次调查旨在获得与未来城居民日常生活相关的一些用水信息。有了这些信息，我们就可以总结出不同家庭或单位一段时间内的用水量，从而提出有针对性的节水建议。我们分两个小组分头行动，两天后集合汇总信息。大家加油吧！”高小斯的话让大家的使命感油然而生。

两天后，两个小组的成员聚在一起开始交流各自负责事务的进展情况。

皓天率先分享自己的实验成果：“我们针对浪费的水量做了实验。我们想到浪费的水量不仅和水龙头的开关状态有关，还和水流速度有关，因此先测试了在水龙头滴水的情况下 5 分钟的浪费水量情况。实验结果是：5 分钟浪费约 70 毫升水，也就是每分钟浪费约 14 毫升水；而一天有 24 小时，每小时 60 分钟，共计 1440 分钟，所以一天会浪费大约 1440×14=20160（毫升），也就是约 20 升水。”说完，他转头看向小酷卡。

小酷卡接着说：“我们的测试结果表明，在水龙头全开的情况下，每分钟会浪费约 8 升水，这样一天浪费的水量大约是 8×60×24=11520

（升），也就是约 12 吨水。”

“哇，水龙头全开会浪费这么多水！”小雪惊呼一声，“我们一定要把这个数据放在宣传单当中，它会给未来城的居民带来很大的冲击。”

“那你们调查得到的结果呢？”皓天看向高小斯和小雪。

“我们制作了一个**调查问卷**，发现未来城居民日常生活用水主要在饮用、烹调、洗涤、冲厕、洗澡等方面。”高小斯有条不紊地分享着他和小雪的调查结果，“同时，我们前往自来水厂和污水处理厂，邀请专业人士协助我们进行调查。以每户居民的用水数据为基础，我们测算出每人每日的生活用水量在 140~280 升之间。”高小斯汇报着他们的调查结果。

“当然，这里面也有一些特殊情况。比如住在未来城西区的一户居民，他们家每天的用水量就比正常的家庭多出很多。”小雪对于一些异常数据还进行了进一步调查，“我们走访了那户居民，发现住在那里的

是一对爷爷奶奶，他们爱好养鱼，经常要给鱼缸换水，所以用水量较大。”

“你们好严谨啊！”皓天感叹道，“我原以为调查只是记录和分析数据就好了。看来我以后在做调查时，对数据来源、异常值的处理等都要更加用心，因为它们都是数据分析的一部分。”

高小斯展示了一张他们整理的数据表格，说：“通过这张统计表我们发现，这户居民每天浪费的水量还是挺多的。”

某户居民一周用水大致情况统计

用水情况	时间						
	星期一	星期二	星期三	星期四	星期五	星期六	星期日
实际用水 / 升	229	221	210	232	267	358	338
产生污水 / 升	175	169	165	186	196	243	231
浪费用水 / 升	35	36	32	40	45	51	48

现在四个小伙伴已经掌握了居民用水的一些基本情况，可以开始**制订节水方案**了。

“我觉得可以设计一个节水水龙头。如果水龙头长时间滴水或者没有关闭，就会发出警示声；也可以设置成一定时间后水龙头自动关闭。”小雪率先想到了一个好点子。

“我们不如设计一套全屋智能家居管理系统。”小酷卡说，“居民如果忘记关闭水龙头，可以通过手机软件控制，及时去关闭它。如果忘记关闭灯、电器或煤气等，也可以通过手机软件关闭。”

“还应该像地球上一样实行阶梯水价。针对当月用水量异常的居民，供水站的工作人员要及时上门进行检查和处理，或者给居民发送水量使用异常的信息，提醒居民节约用水；还可以给居民提供一些循环用水的小妙招。”高小斯觉得这样做能提高居民节约用水的意识，帮助居民养成节约用水的好习惯。

“对，洗菜水、淘米水可以倒入一个备用桶中用来冲厕所。”小雪家就是这样节约用水的。

“洗菜水还可以用来浇花。”在他们的启发下，小酷卡也想到了好点子。

皓天为自己之前浪费水的行为感到十分愧疚，他红着脸说：“我建议设置奖惩制度，奖励在节约用水方面做出突出贡献的居民，对浪费水的居民要进行适当的处罚。”皓天刚说完，小伙伴们就给他鼓起掌来。

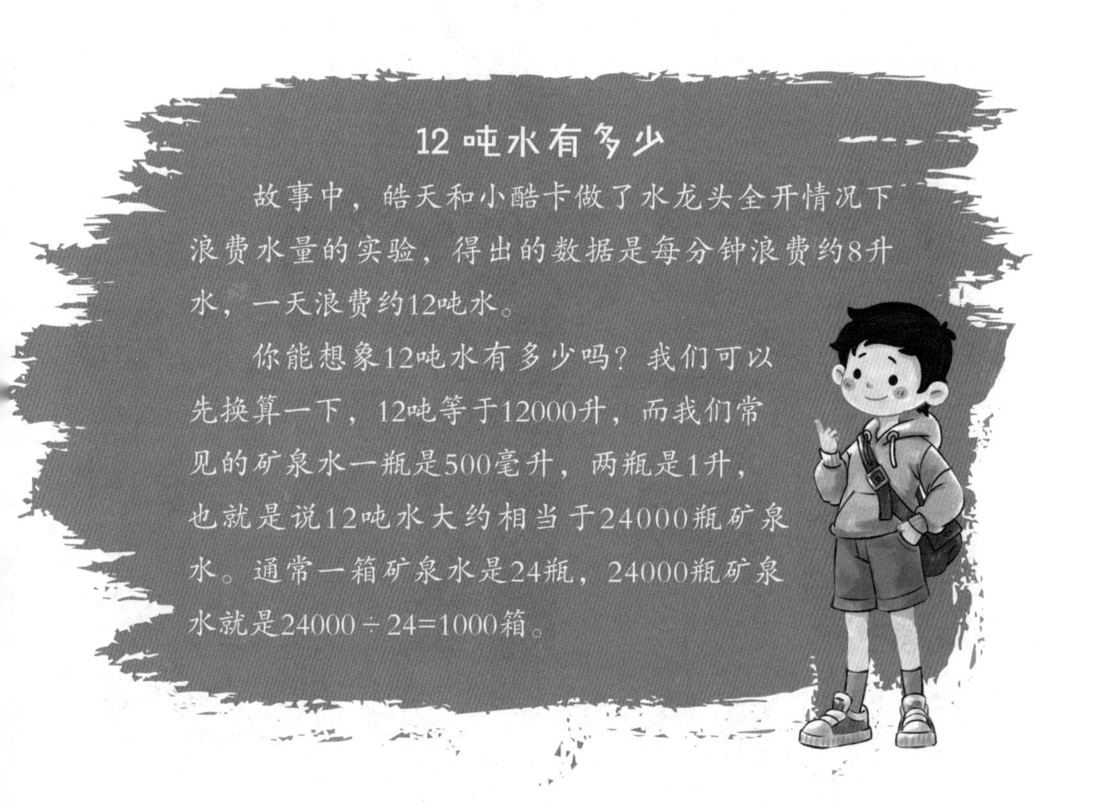

12吨水有多少

故事中，皓天和小酷卡做了水龙头全开情况下浪费水量的实验，得出的数据是每分钟浪费约8升水，一天浪费约12吨水。

你能想象12吨水有多少吗？我们可以先换算一下，12吨等于12000升，而我们常见的矿泉水一瓶是500毫升，两瓶是1升，也就是说12吨水大约相当于24000瓶矿泉水。通常一箱矿泉水是24瓶，24000瓶矿泉水就是24000÷24=1000箱。

“行啊，皓天，觉悟挺高的。那你打算怎样惩罚自己呢？”高小斯打趣道。

皓天吐了吐舌头，说：“从此以后，我就是节约用水的代言人，宣传节约用水的工作全都交给我吧，我保证好好表现！”听了皓天的话，大家都忍不住笑起来。

高小斯把他们的调查结果和节水方案同步传输给了未来城的指导老师。指导老师由衷地感谢高小斯他们对未来城建设所做的贡献，给他们颁发了“未来城小卫士”勋章。回到地球后，四个小伙伴也没有忘记关注未来城的可持续发展情况，大家都希望未来城能有一个更加美好的未来。

综合与实践是小学数学学习的重要领域。我们可以针对自己感兴趣的问题进行自主研究和学习。我们需要选择一个与日常生活密切相关且自己感兴趣的主题，如“超市购物中的数学”“规划校园绿化带”等，然后像高小斯他们一样，组建自己的学习团队，通过问卷调查、实地测量、网络搜索等方式收集数据，并建立相应的数学模型，最后进行资料汇总并得出结论。例如在“超市购物中的数学”活动中，可以建立购物总价、折扣计算等模型。在活动结束后，别忘了回顾整个活动过程，总结不足和需要改进的地方。

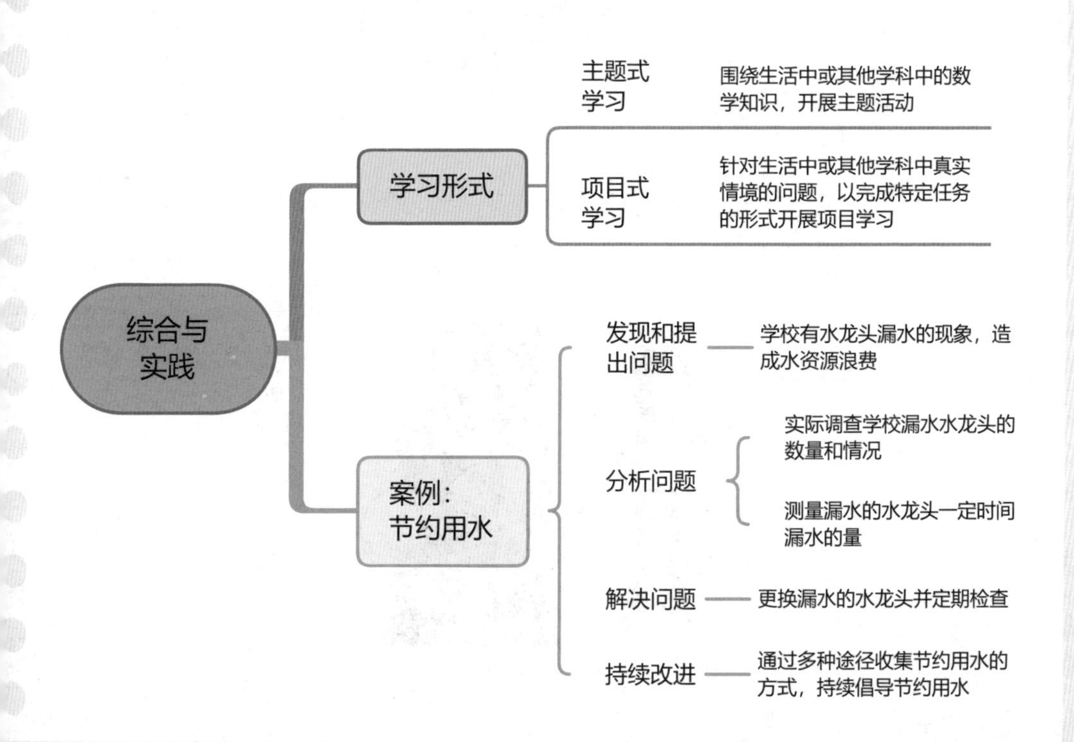

未来城的学校即将开学，校方打算为学生提供一份营养午餐。如果你是项目负责人，你认为午餐怎样搭配才能达到营养均衡、合理膳食的目的呢？

温馨小提示

首先，需要确定标准。明确什么是营养均衡，怎样才被称作合理膳食，可以重点了解“中国居民平衡膳食宝塔”图。

然后，需要收集资料。可以通过上网查询、走访调查等方式，收集关于膳食营养搭配方面的信息和数据。

最后，分析研究收集到的信息和数据，根据具体情况，制订一份科学的营养午餐菜单。

此题重在考查项目式学习，答案不固定，言之有理即可。

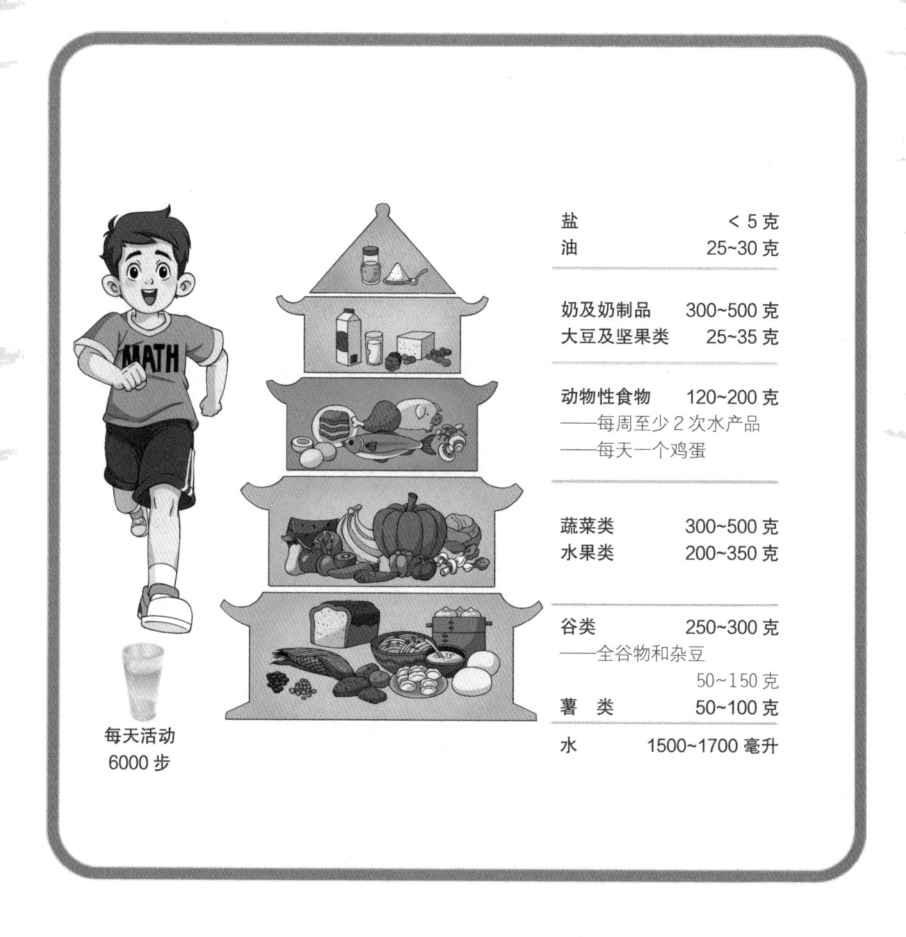
MATH
每天活动
6000 步
盐 < 5 克
油 25~30 克
奶及奶制品 300~500 克
大豆及坚果类 25~35 克
动物性食物 120~200 克
——每周至少 2 次水产品
——每天一个鸡蛋
蔬菜类 300~500 克
水果类 200~350 克
谷类 250~300 克
——全谷物和杂豆
50~150 克
薯 类 50~100 克
水 1500~1700 毫升

中国居民平衡膳食宝塔